AU COMMENCEMENT DU TEMPS

Des mêmes auteurs

Clefs pour la science-fiction, Paris, Seghers, 1976
L'Effet science-fiction. À la recherche d'une définition, Paris, Laffont, 1979
La Mémoire double, Paris, Hachette, 1985
La Machine fantôme, Paris, J'ai Lu, 1985
Dieu et la Science. Vers le métaréalisme (entretiens avec Jean Guitton), Paris, Grasset, 1991 ; rééd. LGF, 2008
Avant le Big Bang. La création du monde, Paris, Grasset, 2004 ; rééd. LGF, 2006
Voyage vers l'instant zéro, Paris, EPA, 2006
Nous ne sommes pas seuls dans l'univers, Paris, EPA, 2007

Igor & Grichka Bogdanov

AU COMMENCEMENT DU TEMPS

Flammarion

ISBN : 978-2-0812-0832-2

Le temps est l'image mobile de l'éternité immobile

Platon

Avant-propos

Dans le grand hall de l'hôtel Meurice flottait ce soir-là une odeur un peu douce de cire mêlée de pluie. Derrière les portes à tourniquet, on entendait encore les grondements du gros orage d'automne qui sombrait dans le lointain. Trempées par la pluie et le vent, des silhouettes inconnues traversaient le hall en désordre à la recherche d'un parapluie, d'un chapeau ou d'autre chose. Soufflé par une bourrasque, un journal imbibé d'eau traînait sur le sol. C'était Le Figaro *du jour, le 20 novembre 1976. On pouvait y voir une photo du Concorde avec ce titre : « New York en moins de 3 h 30 ! » Debout derrière le bureau d'appui en bois d'acajou, le concierge sans âge laissait glisser un regard indifférent sur la foule qui se pressait dans le hall. Il lui avait suffi d'un seul coup d'œil pour distinguer les vrais clients de l'hôtel de tous ceux venus chercher là un refuge de luxe contre l'orage. Poussés par une des vagues qui agitaient le petit groupe autour du bureau, nous avons simplement demandé :*

– Quelle est la chambre de M. Dali ?

À ces mots, sans baisser le front, probablement sans même nous voir, le concierge nous a répondu :

– Vous êtes avec ces messieurs ?

Il désigna d'un signe de tête une dizaine de silhouettes affaissées, presque dissoutes, dans les canapés profonds du grand hall. Le petit groupe semblait attendre depuis longtemps. Personne ne prêtait attention à l'autre. Chacun voulait faire croire à son voisin qu'il était bien le seul à se trouver ici pour une bonne raison.

Nous avons alors insisté :

– Mais… nous avons rendez-vous.

– C'est impossible ! M. Dali n'attend personne.

Le concierge avait parlé d'une voix blanche, à mots presque vides, comme s'il récitait un texte mille fois répété. Puis il se tourna vers l'une des jeunes filles assises derrière le comptoir de la réception :

– Demandez au voiturier qu'il appelle un taxi pour ces deux messieurs.

Après un bref coup d'œil, nous sommes revenus à la charge :

– Un entretien a bien été prévu avec M. Dali. C'est sa compagne, Gala, qui nous a fixé l'heure.

Cette fois, le concierge baissa son front très lisse vers les profondeurs du sol, là où il s'attendait sans doute à nous trouver. Il nous voyait pour la première fois. Vaguement étonné, il finit par nous demander :

– Vous a-t-elle dit où vous deviez vous rendre ?

La question était un piège.

– Elle nous a demandé de nous rendre dans la suite royale d'Alphonse XIII.

Le concierge échangea un regard avec les hôtesses avant de nous faire signe de le suivre. Nous descendîmes trois marches recouvertes d'une savonnerie avant de nous engager dans un long couloir dont le plafond se perdait dans les hauteurs béantes. Le bâtiment semblait peser de tout son poids sur ce corridor dont le plancher en fougère grinçait presque à chaque pas. Combien de vies avait-il fallu faire passer entre ces murs pour qu'ils deviennent aussi imposants ?

L'ombre en uniforme s'engagea sur les marches d'un grand escalier.

– Veuillez me suivre, s'il vous plaît, dit-il sans se retourner.

À peine si sa voix s'était détachée du bruit de ses pas sur le tapis. Il semblait flotter au-dessus des marches. Il ne parvenait pas à achever un pas sans glisser sur le suivant. La mince pellicule qui séparait ses semelles en cuir de la surface de marbre lisse paraissait élastique ; en prenant appui sur cette couche d'air presque flexible, chacune de ses chaussures bien cirées était curieusement relancée au-delà de son point de chute prévisible.

Arrivé au premier étage, il s'arrêta enfin devant une grande porte à double battant dont les montants moulurés avaient été rehaussés à la feuille d'or. La rénovation était récente. Légèrement penché en avant, le concierge frappa trois petits coups discrets et la porte s'ouvrit dans un souffle laqué.

Le concierge disparut telle une vapeur dans le couloir. Une ombre vêtue d'un costume en livrée nous invita alors à pénétrer dans une sorte d'antichambre. Elle nous observa un moment avant de demander :

– Vous aviez rendez-vous ?

Surpris par le retour d'une question à laquelle nous pensions avoir déjà répondu, nous avons alors répété, vaguement mal à l'aise :

– Nous sommes attendus par M. Dali.

Après un nouveau silence, à distance de chaque mot, le majordome finit par dire :

– M. Dali n'attend jamais personne !

Puis il ajouta aussitôt, d'une voix à peine portée :

– Vous ne le verrez jamais, vous savez…

La phrase était tombée à terre. Le majordome se dirigeait déjà vers la porte pour nous donner congé. Nous lui avons alors tendu une feuille de papier sur laquelle nos deux noms étaient écrits. Il hésita un bref instant, nous regarda l'un et l'autre, se balança d'avant en arrière avant de déposer finalement le papier sur un petit plateau en argent et de disparaître.

Près de la petite cheminée en angle où tremblait un feu de bois, un jeune garçon au visage à demi masqué par un capuchon semblait surveiller les braises qui s'écroulaient sous le poids des bûches en flammes.

Après un long moment, la porte opposée s'ouvrit et une voix de femme monta tout à coup derrière nous :

– Ne faites pas attention à lui. Il ne vous voit pas. C'est la raison pour laquelle il garde son capuchon. Il est aveugle de naissance.

Devant nous se tenait à présent une femme au visage doux qui avait dû être très belle.

– Vous êtes Igor… ou Grichka ?

Nous n'avons même pas eu besoin de répondre. Elle nous entraînait déjà vers un salon où une dizaine de personnes allaient et venaient tranquillement, comme si elles étaient là depuis toujours. Un verre de champagne à la main, deux jeunes gens discutaient sans prêter attention à un ocelot qui faisait ses griffes sur les fibres du tapis. L'animal était tenu en laisse par un vieil homme qui soupirait sans cesse des phrases en espagnol. Sa voix contrastait furieusement avec la maigreur de sa silhouette.

À un moment, l'un des jeunes gens se tourna vers lui pour dire quelque chose en espagnol. Le garçon avait parlé très vite, presque pour distancer une sorte d'inquiétude. Visiblement, le vieil homme le mettait mal à l'aise. Pas seulement à cause de sa voix bien plus profonde que sa gorge, mais parce que ce vieillard sans âge, maigre jusqu'aux rotules, semblait néanmoins déborder d'une énergie inexplicable. Qui était-il ? que faisait-il dans la suite Alphonse XIII ?

Tout à coup, un silence étrange vida le salon : repoussant l'espace devant lui, Salvador Dali entrait lentement dans la pièce. Sans saluer personne, peut-être même sans voir quiconque, il se dirigea vers l'immense fauteuil doré de style Louis XIV qui trônait au milieu du salon. Gala nous fit un léger signe de tête. C'était le moment de poser notre question.

Notre idée était de lui demander comment il se représentait les relations entre la science et l'imaginaire. Dans un silence théâtral, rendu plus intense par l'immobilité du Maître, nous lui avons exposé nos idées naissantes sur l'existence possible d'une information primordiale à l'origine de l'Univers. Et soudain, trois coups violents frappés du pommeau de sa canne sur le parquet : le Maître venait de sortir de son immobilité. Il allait parler. Instant de stupeur dans l'assemblée. Puis, dans le silence ciré de ce salon qui lui servait de palais intermittent, l'artiste phénoménal commença à dérouler des phrases sonores, fortement accentuées, que Gala nous pria alors de transcrire sans en modifier un mot :

« Bit ! bit ! bit ! d'informations ! J'ai toujours eu envie de broyer un hologramme dans un moulin à café et d'en avaler la poudre afin que dans mon corps le plus profond chacune des cellules qui le composent soit imprégnée de l'information. Dans l'échange le plus insignifiant d'ADN, il y a plus d'informations que dans tout l'imaginaire[1]*. »*

Sans transition, Dali venait de nous dire qu'il était un peintre scientifique : son œuvre majeure, celle qui

1. Propos recueillis le 10 octobre 1976 et publiés dans *L'Effet science-fiction*, Robert Laffont, 1977.

résume peut-être sa pensée, c'était sa toile intitulée Persistance de la mémoire[1]. *Presque tout le monde connaît ce tableau peint en 1931 : des montres « molles » en train de fondre, très étrangement, sous le soleil. Or ce jour-là, prenant à contre-pied les commentaires émis par les critiques d'art, Dali prit soin de nous préciser : « Ne croyez pas les critiques sacrilèges ! Dans* Persistance de la mémoire, *je ne me suis pas contenté de peindre bêtement, comme un singe fou et sans talent qui se prendrait pour Vélasquez, la dilatation ou la contraction du temps relatif. J'ai laissé tout ça à Einstein. Regardez bien ces montres aux heures ramollies comme du beurre sur une table au mois d'août. Le temps y fond à vue d'œil et il continuera de fondre jusqu'à ce qu'il ait totalement disparu, sans laisser de trace. Dans ce vide débarrassé de lui-même se trouve le secret du monde ! »*

Ce jour-là marqua pour nous le début d'une spirale qui nous conduirait à chercher, avant le Big Bang, l'infini dans le zéro. Le secret du monde dans le vide. Dix ans plus tard, notre recherche allait passer par la rue de Fleurus, chez Jean Guitton. À l'opposé de Dali ? Sans doute. Mais le vieux philosophe partageait le même rêve que l'artiste : celui de comprendre, à même le temps, le secret des choses et de l'Univers.

★

Par un après-midi sans nuage, une carte au cent millième ouverte sur le département de la Creuse, nous nous préparions à atterrir sur le pré qui surplombait la chaumière de Jean Guitton. D'une colline à l'autre, la campagne était partout. Pitot vers l'ouest, en courte

1. Museum of Modern Art de New York, depuis 1934.

finale, pas général délivrant 60 % de puissance à la turbine, le Bell 206 poursuivait lentement sa descente face au vent vers le point d'aboutissement. À gauche, en dessous du talus qui bordait un petit chemin de terre, nous eûmes le temps de reconnaître le chapeau en feutre dont Jean Guitton ne se séparait jamais, même au plus fort de l'été. Aussitôt le 206 immobile sur le pré, nous avons coupé la turbine. Bientôt un silence presque violent tomba dans la cabine. Les gyroscopes de l'horizon artificiel continueraient de tourner encore longtemps derrière la planche de bord. Même portières ouvertes, le soleil d'été chauffait la verrière. Lentement, vêtu de son éternel manteau gris (comment faisait-il par une chaleur pareille ?), Jean Guitton monta à notre rencontre et nous demanda simplement, de sa voix un peu haute qui parlait une langue d'une autre époque :

– Combien de temps vous a-t-il fallu pour arriver jusqu'ici ?

Sans attendre notre réponse, il ajouta :

– Vous savez, c'est le temps qui compte le plus. Avoir du temps est bien plus précieux qu'avoir de l'espace.

Nous avons parlé longtemps. Énervées par la chaleur, les courtilières crissaient sous les herbes. Très haut dans le ciel, un essaim d'abeilles se tordait dans l'air vide. Vers la fin de la journée, à l'heure où les ombres s'allongent, nous avons invité Guitton à survoler sa chaumière. Il a pris place à bord du Bell 206 comme on s'installe sur le siège confortable d'un carrosse, sa canne remplaçant simplement le manche à balai. À notre retour, il a simplement dit, un sourire un peu nostalgique sous sa moustache :

– C'est déjà fini... ! Vous savez, je n'aime pas les choses qui se terminent. Je n'aime que les commencements.

Puis il ajouta, l'air songeur :

– Je vis dans le temps qui commence. Car il contient la promesse de tout ce qui va suivre.

Trois ans plus tard, au printemps 1989, Guitton rentrait à pied d'une conférence qu'il venait de donner pour ses confrères à l'Académie française. Le thème en était sa thèse de doctorat (un monument de presque mille pages) préparée dans les années trente, au moment même où Dali peignait son fameux tableau.

Guitton soutiendra sa thèse en 1933. Elle sera publiée sous le titre Le Temps et l'Éternité chez Plotin et saint Augustin [1]. *On dit que la thèse de doctorat est le sujet de pensée d'une vie. Le sujet unique. Dans sa préface, Guitton rappelle d'ailleurs que pour écrire une thèse (sans même parler de la réussir) « il faut tout sacrifier de ses loisirs, de sa puissance d'invention pour se couler dans un genre, pour agréer à des juges, et voir son destin fixé en un soir, selon que l'on vous donnera telle dose d'honneur ». En somme : tout sacrifier à la poursuite d'une idée. Mais quelle était l'« idée fixe » de Guitton ? Y avait-il un point commun entre sa thèse, soutenue plus d'un demi-siècle avant que nous le rencontrions, les montres fondues de Dali et notre livre ?*

Ce jour-là, encore tout occupé à chercher l'éternité dans l'instant, Guitton avait commencé par remonter dans la nuit du Moyen Âge pour nous parler d'un puissant seigneur de l'Église, conseiller du roi saint Louis et évêque de Paris. Il s'appelait Guillaume d'Auvergne. Avec une force libre qui, d'un trait, avait traversé les siècles, le prélat s'était demandé : « Dans le temps qui a précédé le commencement du temps, quelque chose a-t-il existé ? »

1. Éditions Boivin, 1933 (rééd. Vrin, 1955).

Visiblement, cette question tracassait Guitton depuis longtemps. L'inquiétait, même. Il l'avait du reste répétée plusieurs fois, à voix basse, comme un air de musique. Puis, le front enfoui entre les mains, il nous avait soudain fixés à travers ses lunettes : « Eh bien, à mon tour ! Est-ce qu'il a existé un temps avant le temps ? Un premier temps qui aurait précédé celui dans lequel nous vivons ? »

Un vent léger remuait les arbres du Luxembourg. Le vieux philosophe regardait le ciel avec un sourire pensif. Faute de mieux, nous avons alors accompagné sa rêverie : à l'époque, nous étions loin d'imaginer la moindre réponse à cette énigme.

Celle-ci le tourmentait depuis plus d'un demi-siècle. Mais où chercher une réponse ? Auprès de ses maîtres en philosophie ? Interrogé dès 1930, Bergson n'avait rien répondu. Guitton s'était ensuite tourné vers les scientifiques qu'il connaissait, en particulier Einstein, Louis de Broglie (dont il allait devenir proche) et enfin l'abbé Lemaître – l'un des quatre fondateurs, avec le russe Alexander Friedmann, du modèle standard du Big Bang. Mais là encore, aucune réponse vraiment utilisable pour un philosophe.

Ce n'est qu'au début des années quatre-vingt-dix, en réfléchissant à nos futurs travaux de thèse, que nous est venue cette idée autour de laquelle nous avons bâti notre modèle : le temps réel a peut-être commencé par du temps imaginaire.

★

Le temps imaginaire : ce terme semble revêtir un sens très mystérieux. Or il ne s'agit ni d'un temps « fantasmatique » ni d'un effet de l'imagination. Ce concept scientifique fascinant a fait furtivement son apparition vers la fin du XIXe siècle, sur la base des travaux de Henri Poincaré. Vous avez souvent lu ce nom, gravé sur les grands boulevards ou imprimé sur les timbres de France. Sans doute avez-vous également remarqué qu'il ne s'agit pas de Henri (le mathématicien, celui auquel nous nous intéressons ici) mais de Raymond, son cousin germain, de six ans son cadet et devenu président de la République en 1913. C'est lui, Raymond, qui allait incarner (selon son mot devenu légendaire) l'Union sacrée durant la Grande Guerre, jusqu'à la victoire. Dans leur jeunesse, les deux cousins Poincaré étaient très proches et passaient souvent de longues heures à bavarder ou, tout simplement, à jouer ensemble, à la ville comme à la campagne.

Véritablement surdoué, Henri effectuait presque toujours ses calculs de tête, à une vitesse foudroyante. Il lui suffisait de jeter un coup d'œil sur une page pour en retenir le contenu, presque mot à mot. À onze ans, il savait déjà expliquer à ses camarades les mystères du courant électrique et le principe du télégraphe. Logiquement, en 1873, il fut reçu premier à l'École polytechnique (l'X comme on l'appelle, en souvenir de ses armoiries militaires, deux canons croisés). L'un des exploits du candidat, réalisé dans une salle pleine à craquer, laissa bouche bée son examinateur à l'oral de géométrie : en un temps record (et toujours de tête, en faisant les cent pas devant le tableau), il avait calmement proposé trois solutions différentes au problème difficile qui lui était soumis, déclenchant un tonnerre d'applaudissements. Cet homme à l'esprit incroyablement pénétrant était également courageux. En 1902, dans son livre le plus important, La Science et l'Hypothèse [1], *il avait osé écrire (Guitton avait alors*

1. Flammarion, coll. « Champs », 1968.

tout juste un an) : « Quelqu'un qui y consacrerait son existence pourrait peut-être arriver à se représenter la quatrième dimension. » Tout le problème (notamment pour Einstein) était là : visualiser de manière simple, géométriquement, *la quatrième dimension. Or, au pied du mur, Poincaré a été le premier à se poser la bonne question. Une question apparemment banale mais infiniment profonde : comment distinguer mathématiquement le temps de l'espace ? Autrement dit, comment aboutir à une représentation géométrique unifiée de ce que, vers 1905, on n'appelait pas encore l'espace-temps à quatre dimensions ? Là encore, il a été le premier à fournir la réponse : en représentant le temps (la fameuse quatrième dimension) comme une quatrième coordonnée d'espace imaginaire ! Finalement, ce n'est pas Einstein mais son professeur de mathématique, Hermann Minkowski, qui allait reprendre cette magnifique idée et franchir en 1908 l'étape décisive : représenter l'Univers comme un continuum à quatre dimensions liées entre elles par cette constante de structure de l'espace-temps qu'est la vitesse de la lumière.*

Mais revenons un instant en arrière : comment se représenter un « espace imaginaire » ? Ici, un exemple assez simple peut nous mettre sur la voie. Peut-on mesurer un espace avec une montre ? Évidemment non. À l'inverse, est-il possible de mesurer du temps avec un mètre ? Pas davantage. De là cette question simple : si le temps réel peut être décrit sous la forme d'un espace imaginaire, alors l'espace réel ne pourrait-il pas être vu, à l'inverse, comme du temps imaginaire ?

Un temps imaginaire ! Cette expression peut vous paraître curieuse. Mais il ne s'agit pas d'un temps fantaisiste, produit de notre imagination. En fait, cette notion proprement scientifique est apparue en physique vers la fin des années cinquante. Elle est au centre de nos thèses. Il s'agit d'une deuxième forme du temps, différente du temps réel dans lequel nous vivons. La différence, c'est qu'on ne le mesure pas avec des nombres réels (comme les chiffres sur le cadran de votre montre) mais avec des nombres imaginaires *(ces nombres étranges ont été baptisés au XVIIe siècle par le philosophe Descartes, et leur carré est toujours négatif*[1]*). Mais comment le temps imaginaire a-t-il surgi sur notre route ?*

★

C'est ici qu'entre en scène le troisième personnage à l'arrière-plan de ce livre : Stephen Hawking. Sa Brève Histoire du temps *nous avait fascinés dès 1989. Nous avions déjà un point commun avec lui : un goût prononcé pour les romans de science-fiction ! « La science-fiction d'aujourd'hui est souvent la science de demain*[2] *», se plaît à rappeler Hawking. Nous l'avons rencontré un après-midi du printemps 2006, à l'occasion de l'inauguration du laboratoire AstroParticule et Cosmologie de l'université Paris-VII. Il venait présenter à la Bibliothèque nationale de France une sélection de grands textes mathématiques commentés par lui :* Et Dieu créa les nombres. *Plus que tout autre, Hawking incarne le temps imaginaire. Paralysé de la tête aux pieds depuis des dizaines d'années, totalement muet, le temps dans lequel il vit n'est plus tout à fait le même que le nôtre.*

---

1. Ne l'oublions jamais : sans les nombres imaginaires, les téléphones portables, les ordinateurs, les télévisions, rien de tout cela n'aurait pu être inventé.

2. S. Hawking, préface au livre de l'astrophysicien Lawrence M. Krauss, *La Physique de* Star Trek *: ou comment visiter l'univers en pyjama*, Bayard, 1998.

Ce beau jour de mai, le célèbre physicien anglais se trouvait donc juste devant nous. L'auditorium était comble. Un signe de la main : Gabriele Veneziano, l'un des membres de la commission d'examen de nos travaux de thèse à l'École polytechnique venait de s'installer sur l'estrade à la droite de Hawking. Un silence presque parfait, inspiré par la voix artificielle du savant anglais, était tendu aux quatre coins de la pièce. Comme si cette notion devait être familière à tout le monde, Hawking fit quelques allusions au temps imaginaire. Au moment des questions, nous lui avons demandé si le temps imaginaire pouvait être considéré comme la forme fondamentale du temps. Il ne répondit pas tout de suite. Seuls ses yeux glissaient sur l'écran de la machine fixée à son fauteuil. Puis la voix électronique, bizarrement compressée, du système de décodage qui permettait au savant de communiquer avec nous crépita dans la salle : « Oui ! C'est cela. »

On pourrait comparer le temps imaginaire à un temps sans durée, un temps « gelé » où tous les instants seraient en quelque sorte superposés, « enroulés » les uns sur les autres. Pour prendre un exemple simple, la bobine d'un film nous donne une idée de ce que représente le temps imaginaire : la pellicule enroulée sur elle-même contient toutes les images du film, toute son « histoire », en somme. Or, cette histoire est bel et bien située « dans l'espace » (celui de la pellicule enroulée). Tant que la pellicule est dans sa boîte, le film n'est pas dans le temps réel : son « scénario » est bien là, mais il ne s'inscrit pas dans la durée : il est tout entier dans le temps imaginaire. En revanche, tout change dès lors que la pellicule est placée dans la lumière d'un projecteur : image après image, le film entre dans le temps réel pour s'y dérouler : son « histoire » est projetée dans la durée, créant à la fois le souvenir du passé et l'attente de l'avenir.

Il se trouve qu'en physique on fait souvent appel au concept de « temps imaginaire » pour expliquer certains phénomènes mystérieux (par exemple, l'effet tunnel) au cours desquels des particules semblent « sauter » instantanément d'un point à un autre, sans que ce bond s'inscrive dans le temps réel. Rien d'étonnant à ce que, pour certains, ce temps étrange soit bien plus qu'un simple artifice de calcul. Dans son dernier ouvrage, le théoricien Anthony Zee, élève du physicien mathématicien Edward Witten (médaille Fields), n'a pas hésité à confier : « Certains physiciens, moi y compris, sentons qu'il pourrait y avoir là quelque chose de profond, quelque chose que nous n'avons pas vraiment compris[1]*. »*

Or, comme nous le verrons plus tard, le temps imaginaire renferme, selon nous, une sorte de secret. Quelque chose de mystérieux qui pourrait nous donner une idée même lointaine de ce qui se tient à l'origine de l'Univers. Lecteur de Hawking depuis longtemps, attentif à toutes les théories qui pourraient conduire vers une évolution des idées en physique, le théoricien Luboš Motl vient de soutenir le même point de vue dans son dernier ouvrage : « Le temps imaginaire cache certains des secrets les plus précieux concernant la naissance de l'Univers[2]*. » Et sans doute le plus précieux de tous touche-t-il à l'existence même de l'instant initial, l'instant zéro : est-ce que cet « instant », si mystérieux, si différent de tous ceux qui lui ont succédé, a vraiment*

1. A. Zee, *Quantum Field Theory in a Nutshell*, Princeton University Press, 2003.

2. Luboš Motl, *L'Équation Bogdanov. Le secret de l'origine de l'univers*, Presses de la Renaissance, 2008.

existé ? S'agit-il d'un « instant imaginaire » que saint Augustin aurait pu décrire, à sa façon, comme une « éternité réelle » ?

Finalement, c'est sans doute là – autour du « graal » de la physique – que tout se joue : si ces questions sur le commencement du temps fascinent (mais peuvent également déranger), c'est peut-être parce qu'elles s'étendent bien au-delà du champ proprement dit de la physique. Parler du commencement du temps, c'est aussi remuer des idées métaphysiques. C'est se demander si l'Univers a un sens. De la matière à l'esprit, c'est mettre en scène, finalement, Dieu ou le néant. Dans le fil de ce questionnement, le pape Jean-Paul II nous avait adressé une lettre, en 1991, au moment de la publication de Dieu et la Science, *pour nous dire que si les réponses étaient difficiles, il n'était cependant jamais interdit de les chercher.*

L'un des futurs débats – peut-être le plus vif – qui occuperont demain la communauté scientifique touchera, nous le pensons, au commencement du temps. N'est-ce pas là qu'il faudra chercher l'explication ultime de l'Univers ? C'est peut-être la raison pour laquelle cette pensée de Stephen Hawking a eu un si profond retentissement : « Si nous découvrons une théorie complète, elle devrait un jour être compréhensible dans ses grandes lignes par tout le monde et non par une poignée de scientifiques. Alors, nous tous, philosophes, scientifiques et même gens de la rue, serons capables de prendre part à la discussion sur la question de savoir pourquoi l'Univers et nous existons. Si nous trouvons la réponse à cette question, ce sera le triomphe ultime de la raison humaine – à ce moment, nous connaîtrons la pensée de Dieu [1]. »

---

1. S. Hawking, *Une brève histoire du temps*, Flammarion, 1989.

Le moment est peut-être venu de nous interroger scientifiquement sur le début du monde. C'est dans cette perspective nouvelle, différente de celle qui était la nôtre en 2002 et en 2004 [1]*, que nous avons donc décidé de publier ce livre. Bien plus qu'un nouveau bilan de nos résultats ou de nos recherches, il s'agit, en somme, d'une invitation à un voyage mystérieux, parfois troublant, vers ce que – faute de mieux – on appellera ici l'origine de tout ce qui est.*

---

1. En 2002, nous publions nos quatre premiers articles scientifiques. En 2004 paraît *Avant le Big Bang.*

Introduction

« Le graal de la physique »

L'histoire que nous allons vous raconter dans ce livre est sans doute la plus mystérieuse qui soit. C'est l'histoire du commencement des choses. Du tout premier instant de l'Univers. Du commencement du temps.

C'est aussi le récit d'une quête. Des années durant, nous avons tâtonné dans l'ombre et nous nous sommes parfois perdus en chemin. Nous avons suscité des débats enfiévrés, souvent incohérents, parfois violents. Mais nos recherches – l'application de nouveaux instruments mathématiques à l'Univers avant le Big Bang – ont débouché, croyons-nous, sur une nouvelle façon de faire face à la question de l'origine : avant l'apparition du temps et de l'espace tels que nous les connaissons, sans doute y avait-il quelque chose plutôt que rien. Une information de nature mathématique qui « oriente » peut-être l'évolution de l'Univers. Ainsi pensons-nous avoir mis la main sur certaines clefs algébriques qui pourraient ouvrir des portes jusqu'ici verrouillées. Et nous permettre de mieux comprendre pourquoi nous sommes « ici », dans un Univers si grand – en apparence trop grand pour nous –, et ce que nous avons à y faire.

Dans notre vie de tous les jours, nous passons bien peu de temps à nous interroger sur le mystère des choses. À nous émerveiller, par exemple, du fait que chaque être humain adulte possède environ 100 000 milliards de cellules. Se souvient-on que chacune de ces cellules contient un brin d'ADN de un mètre de long ? et que dès lors, si l'on nouait bout à bout tout l'ADN de toutes les cellules de notre corps, on pourrait former un fil qui atteindrait la longueur vertigineuse de 100 milliards de kilomètres (soit 700 fois la distance entre la Terre et le Soleil, ou 12 fois le diamètre du système solaire tout entier ?). Et enfin, peut-on imaginer qu'à chaque seconde les électrons qui nous traversent en zigzag des pieds à la tête font cinq millions de milliards de fois le tour de leur noyau ? Et que la masse totale de tous les électrons de notre corps « pèse » environ vingt grammes ?

En fait, à la fin d'un repas, au moment du dessert, nous ne demandons jamais à nos voisins de table pourquoi les pommes sont rondes et les poires allongées. Ou plus radicalement encore, pourquoi ces pommes et ces poires existent et se trouvent dans nos assiettes, comme si de rien n'était. Et ce qui arriverait à ces fruits familiers si l'une des quatre forces fondamentales de l'Univers [1] (par exemple, pourquoi pas, la force électromagnétique) cessait tout à coup de s'exercer. Savez-vous que dans ce cas, en quelques secondes à peine, pommes et poires, pourtant si « solides », si stables, se mettraient à craquer, se fragmenteraient, se dissoudraient littéralement sous vos yeux, s'éparpilleraient en poussière d'atomes avant de s'évanouir en fumée dans le vide ?

1. Les deux forces à longue portée sont la force gravitationnelle et la force électromagnétique ; les deux forces à courte portée sont la force nucléaire dite « forte » et la force nucléaire dite « faible ».

Telles sont, entre autres, quelques-unes des questions que nous allons aborder dans ce livre. Mais nous allons aussi aller plus loin. Beaucoup plus loin. Vers des interrogations que l'on dit « ultimes » : notre Univers a-t-il toujours été là ou non ? Que s'est-il donc passé pour qu'à un instant précis (et pas à un autre) une infime étincelle de réalité – des milliards de milliards de fois plus petite que le plus petit des atomes – s'allume soudain au cœur du néant ? Ces questions en apparence familières dissimulent en réalité un gouffre immense. Une sorte de vide sans fond, mystérieux à l'extrême, parcouru de pièges, de dangers et de questions. Pour résoudre certaines d'entre elles, nous allons devoir suivre, comme dans un labyrinthe, des chemins de plus en plus étranges.

Tout au bout de ce labyrinthe, pour la première fois peut-être, des réponses commencent à émerger. Certaines expériences scientifiques ont justement pour but d'éclairer l'inconnu, de préciser des intuitions, de confirmer des théories : tel est le cas, par exemple, du LHC [1] au CERN, ou encore du satellite Planck dont l'objectif est de nous donner une meilleure représentation de l'Univers une fraction de seconde après le Big Bang.

Commençons par la toute première question qui, peut-être, traverse en ce moment même votre esprit : le temps – celui qui court sur les aiguilles de votre montre – existe-t-il depuis toujours et à jamais ? Peut-on concevoir l'existence d'un instant zéro ? d'un commencement ? Une première partie de la réponse nous a été fournie à travers la théorie du Big Bang. Vous

1. Large Hadron Collider. Il s'agit d'un collisionneur de particules, actuellement le plus puissant au monde, destiné à tester des idées nouvelles en physique des particules.

connaissez tous le mot « Big Bang » et sans doute le trouvez-vous bien choisi. Il a été prononcé pour la première fois le 28 mars 1949 par Sir Fred Hoyle [1], célèbre astronome anglais de l'université de Cambridge, durant une émission de radio de la BBC, « La nature des choses ». Adversaire obstiné du Big Bang, il était alors confronté au brillant physicien théoricien George Gamow, élève du mathématicien russe Alexander Friedmann, le fondateur aujourd'hui mythique de la théorie en question. En fait, le terme « Big Bang » a été lancé à brûle-pourpoint par Fred Hoyle (par ailleurs fervent amateur de science-fiction et lui-même auteur de plusieurs romans à succès) dans le seul but de ridiculiser une théorie « folle » à laquelle il ne croyait absolument pas. Il faut reconnaître que l'idée d'un Big Bang ne s'est pas imposée facilement. Elle impliquait, entre autres, que le temps avait commencé d'un seul coup, brutalement. Mais comment concevoir un néant absolu d'où, sans crier gare, aurait jailli la première seconde ? Et pourquoi à ce moment-là plutôt qu'à un autre ? Pour bien situer la résistance à cette idée, remontons vers la fin des années 1910.

Einstein & Cie

Dans les universités et les laboratoires du monde entier, on parle à mots plus ou moins couverts d'une nouvelle théorie dont les calculs très compliqués conduisent à des conclusions invraisemblables. Son auteur porte un nom que les scientifiques français en ce début de XXe siècle ont du mal à prononcer : Albert

---

1. C'est le même Hoyle qui, dans les années soixante, refusera de diriger la thèse de doctorat de Stephen Hawking, sous prétexte que le candidat était d'un niveau « trop faible ».

Einstein [1]. C'est un physicien d'origine allemande, naturalisé suisse, à la chevelure hirsute. Son nom est d'ailleurs depuis longtemps connu en Bavière (en particulier à Munich), où Hermann, le père du jeune Albert, électricien autodidacte, a fondé en 1880 avec son frère (oncle Jakob, que le petit Albert aimait beaucoup) la société commerciale Einstein & Cie. Les Bavarois ont-ils des problèmes avec leurs postes de radio ? des ennuis avec leurs circuits électriques ? Pas d'affolement : Einstein & Cie s'occupe de tout ! Sans doute cet environnement peu commun, bourré de bobinages et d'appareils électriques en tout genre, constitue-t-il l'une des sources de l'engagement d'Einstein sur les voies de la physique. Un jour, alors qu'il avait tout juste quatre ans, il découvrit grâce à son père une boussole magnétique. Il resta des heures devant l'objet, littéralement fasciné, comme en préparation lointaine de ses fameux articles de 1905 sur l'électromagnétisme, pour lesquels il serait récompensé par le prix Nobel. C'est probablement aussi sans doute de cet antécédent familial qu'Einstein a tiré son penchant pour des activités d'inventeur quasi clandestines : il a déposé de nombreux brevets et, entre autres choses plus ou moins insolites, a mis au point plusieurs types de réfrigérateurs, notamment le fameux « réfrigérateur Einstein », en 1926. C'était un appareil surprenant, unique pour l'époque, qui permettait de limiter les risques d'asphyxie par les gaz réfrigérants. Mais la crise de 1929 empêcherait sa commercialisation (de plus, il fai-

1. Il vous est aujourd'hui possible de vivre un moment très étonnant : écouter Einstein expliquant lui-même le fondement de la relativité à partir de l'un des rares enregistrements encore accessibles. Celui que nous vous recommandons date de 1948 et est disponible à l'adresse suivante : www.aip.org/history/einstein/sound/voice1.wav.

sait un tel bruit que sa présence dans une pièce devenait rapidement insupportable).

Mais revenons à la physique. Nous sommes en 1921, Einstein vient d'obtenir le prix Nobel. Désormais, la science est dominée par la toute-puissante théorie de la « relativité ». Comme la plupart de ses collègues, le physicien allemand est très hostile à cette idée saugrenue d'un « commencement de l'Univers ». Parce qu'alors, inéluctablement, le cosmos doit avoir une fin. La perspective lui fait littéralement horreur. Pour lui – même si les constellations et, pourquoi pas, les galaxies pouvaient être en mouvement –, l'Univers dans son ensemble était immobile, immuable, il n'avait donc ni commencement ni fin.

Pourtant, en 1922, un jeune mathématicien (et météorologue) russe alors totalement inconnu entre en scène. Il s'appelle Alexander Friedmann. Il a passé plusieurs années de guerre au service du tsar Nicolas II comme ingénieur en balistique, chargé de calculer, à bord d'un fragile avion de toile et de bois, les trajectoires des bombes larguées sur les lignes allemandes. On raconte qu'un jour de mai 1916 il aurait survolé les tranchées où se terrait un artilleur allemand, qui allait mourir quelques semaines plus tard sur le front russe. L'un des héros de la relativité générale, le légendaire physicien allemand Karl Schwarzschild, dont les travaux pionniers sur les trous noirs allaient susciter l'admiration d'Einstein mais aussi celle de Friedmann. Toujours est-il qu'à partir de 1916, les talents mathématiques de Friedmann pour résoudre les équations des paraboles font merveille et il est rapidement distingué par ses supérieurs. En récompense, il obtient après la guerre le poste convoité d'ingénieur météorologue à Saint-Pétersbourg.

Un beau jour, presque par hasard, il tombe sur un article qui va faire basculer sa vie. Ébloui par la beauté des équations, il le lit et le relit d'innombrables fois, la plume à la main, presque incrédule face à l'immense portée de ce qu'il vient de découvrir : les équations du champ de la relativité. Mais très vite, il s'aperçoit que quelque chose ne va pas. Bizarrement, ces équations paraissent « forcées ». Comme si Einstein avait voulu leur faire dire ce qu'elles ne pouvaient pas prédire. Ébranlé, le mathématicien russe se lance alors à corps perdu dans les calculs. S'enfonce dans les équations, jour et nuit, durant des mois. Et finit par extraire une nouvelle solution des équations d'Einstein. Une solution qui plonge ses collègues de Saint-Pétersbourg dans l'embarras : elle dit tout le contraire de ce qu'énonce Einstein ! Mais Friedmann ne se décourage pas. En juin de cette année 1922, il envoie un article à l'un des plus importants journaux de physique de l'époque, la revue allemande *Zeitschrift für Physik*. L'année suivante, il publie même un livre entier, *L'Univers comme espace et temps*[1]. Et immédiatement, pour les rares amateurs qui l'ont acheté, c'est le choc. Que pouvait-on y lire ? Qu'en des temps reculés, des milliards d'années dans le passé, l'Univers avait probablement connu un début, une époque où il était contracté « en un point (de volume nul) puis que, à partir de ce point, il avait augmenté de rayon ».

Un point ! Un simple point mathématique serait donc à l'origine de l'Univers !

Très irrité par l'article, Einstein le jettera au panier sans répondre au courrier que lui avait envoyé Friedmann. Ce dernier tentera alors de lui rendre visite à

1. *In* A. Friedmann et G. Lemaître, *Essais de Cosmologie*, trad. par J.P. Luminet et A. Grib, Paris, Seuil, 1997.

Berlin, mais en vain. Il faudra attendre le mois de mai 1923 pour que tout change : sur l'insistance de ses collègues – pour lesquels l'issue ne faisait aucun doute –, Einstein finira par adresser à son tour une lettre à *Zeitschrift für Physik* : « J'ai fait une erreur de calcul dans mes critiques. Je considère à présent que les résultats de Friedmann sont corrects et apportent un nouvel éclairage. »

Vers l'atome primitif

Mais tout n'est pas joué pour autant, loin de là. La plupart des savants des années vingt, Einstein en tête, demeurent fermement persuadés que l'Univers, en dépit de toutes ces hypothèses plus ou moins folles, n'est rien d'autre que fixe. Avait-t-on déjà vu des galaxies se précipiter dans l'infini ? Pour aller où ?

C'est dans ce climat de scepticisme général que, à des milliers de kilomètres de la Russie, un jeune chanoine, totalement ignorant des travaux de Friedmann, propose à son tour une nouvelle solution des équations d'Einstein – toujours elles ! Il s'appelle Georges Henri Lemaître. En 1927, il publie dans un obscur journal belge une conclusion sans appel : l'Univers n'a aucune autre possibilité que de grandir à chaque instant, en bref : d'être en expansion. Cette même année se déroule à Bruxelles le cinquième congrès Solvay qui a pour thème « Électrons et photons » : les plus éminents physiciens du monde s'y retrouvent afin de confronter leurs théories et leurs approches. Profitant de l'occasion, Lemaître tente timidement d'attirer l'attention d'Einstein. Celui-ci, plutôt affable et tolérant, rabroue pourtant le jeune abbé : « Vos calculs sont corrects, mais votre physique est abominable ! » Malgré tout, cette douche froide ne décourage pas le chanoine, bien au contraire. En 1931, il publie ses idées dans la revue *Nature*, déjà très réputée à l'époque : « Nous pouvons concevoir que l'espace a commencé avec l'atome primitif et que le commencement de l'espace a marqué le commencement du temps. »

Le commencement du temps ? La chose est encore plus difficile à admettre que l'idée d'expansion. Après tout, aux yeux de ses collègues, Lemaître est moins un physicien qu'un homme d'Église : comment pouvait-il ne pas être influencé par le dogme de la création ? Mais l'opposition de la communauté ne changera rien à l'affaire. Bientôt, le jeune chanoine publie un ouvrage intitulé *Hypothèse de l'atome primitif*, dans lequel on peut lire : « L'évolution du monde peut être comparée à un feu d'artifice qui vient de se terminer. Quelques mèches rouges, cendres et fumées. Debout sur une escarbille mieux refroidie, nous voyons s'éteindre doucement les soleils et cherchons à reconstituer l'éclat disparu de la formation des mondes [1]. »

La théorie du Big Bang était bel et bien née. À tel point que le pape Pie XII lance en 1951 son célèbre *Fiat lux* : « Il semble en vérité que la science d'aujourd'hui, remontant d'un trait des millions de siècles, ait réussi à se faire le témoin de ce *Fiat lux* initial, de cet instant où surgit du néant avec la matière un océan de lumière et de radiations, tandis que les particules des éléments chimiques se séparaient et s'assemblaient en millions de galaxies. »

Que sait-on aujourd'hui de cette époque irreprésentable ? En réalité bien peu de chose. Pour ne pas dire presque rien. Tout au plus, que l'Univers physique est

1. *Ibid.*

né il y a plus de 13 milliards d'années d'une sorte « d'explosion » sans limites : une énergie colossale déferlant à la vitesse de la lumière dans le néant en une infime fraction de seconde. Pourquoi ce feu primordial ? Personne n'en a la moindre idée. À cet instant, l'Univers observable (qui pèse alors 20 microgrammes, le poids d'un grain de poussière) est tellement petit, tellement comprimé sur lui-même, que son volume est des milliards de milliards de fois plus petit qu'une particule élémentaire. De quoi est-il fait alors ? Là encore, nul ne le sait vraiment. Certains parlent de cordes vibrant dans un espace à onze dimensions. D'autres de membranes ou branes. D'autres encore de phénomènes dont l'étrangeté dépasse tout ce que nous pouvons imaginer. À ce stade, la seule chose certaine – et incompréhensible –, c'est qu'au moment du Big Bang ce mystérieux objet primordial semblait déjà contenir, sous une forme indéchiffrable, les propriétés qui lui permettraient d'engendrer, dans un avenir insondable, aussi bien vous-même que vos parents, vos amis, votre chien, votre maison, votre voiture, votre ville, les plaines et les collines autour, la France, la Terre, le système solaire, les étoiles par milliards, enfin les galaxies par centaines de milliards. Mais comment cela est-il possible ? Par quel miracle ?

Revenons au peu de chose que nous savons : dans toutes les théories de type « pré-Big Bang », comme la nôtre, l'espace, la matière et le temps ont émergé à l'instant même du Big Bang, au temps de Planck (10^{-43} seconde). C'est à cet instant très déconcertant que commence le temps réel, celui dont nous mesurons la course ininterrompue à l'aide de nos montres et de nos horloges. Mais avant ? Y avait-il quelque chose ? Un temps « différent », qui aurait précédé le nôtre et, en un certain sens, aurait peut-être « codé » l'évolution de l'Univers jusqu'à aujourd'hui ? Pourquoi cet « océan de lumière et de radiations » – dont parle Pie XII en 1951 – s'est-il soudain déclenché au cœur du néant ?

L'espoir, c'est qu'en appliquant les nouveaux instruments algébriques que sont les groupes quantiques on puisse mieux comprendre l'Univers à cet instant-là. Pourtant, face au mur de Planck, l'un des meilleurs experts de cette théorie nouvelle, Shahn Majid, de l'université de Londres, se montre pessimiste : « Lorsque l'Univers ne mesure que 10^{-33} cm, notre capacité théorique de compréhension s'effondre et par conséquent la physique théorique est incapable de répondre à la "question de la création" [1]. » Alors que faire ?

La singularité initiale

C'est là que nous retrouvons le génial Friedmann. Selon lui, à l'origine ultime, il n'y avait rien d'autre qu'un point. Ce qu'on appelle aujourd'hui, dans le modèle standard, la « singularité initiale ». À ce stade, marquons une pause. En 2008, un jeune physicien théoricien de Harvard, Luboš Motl, a consacré un ouvrage [2] à la question de l'origine de l'Univers, où il évoque diverses hypothèses concernant l'Univers avant le Big Bang, en particulier la nôtre. Il y décrit la singularité en ces termes : « La singularité initiale renvoie à un "point" mystérieux et unique, issu d'un lieu totalement inconnu où toutes les lois de la physique s'effondrent. » Or, au fil de son travail, Motl a attiré notre attention sur un détail intrigant qu'il signale dans son

1. Shahn Majid, « Quantum Spacetime and Physical Reality », in *On Space and Time*, Cambridge University Press, 2008.
2. Luboš Motl, *L'Équation Bogdanov*, *op. cit.*

livre : « Connectez-vous à Internet, rendez-vous sur Google et cherchez l'expression "*Initial Singularity*" en anglais : que va-t-il alors se passer ? À l'écran, vous allez constater que le nombre de pages indexées dépasse les deux millions [1]. Et voici la chose la plus étonnante : la première des entrées renvoie à… un article des frères Bogdanov. Il a été publié en 2001, dans les pages d'un journal scientifique plutôt prestigieux, sous le titre "Topological Field Theory of the Initial Singularity of Spacetime [2]". De manière assez surprenante, cet article est depuis des années le champion sur Google de tous les articles qui contiennent l'expression "singularité initiale" [3]. »

Si nous reprenons l'anecdote de Google, c'est pour souligner que notre approche de la singularité initiale est différente des autres (ce qui ne veut toutefois pas dire que nous avons raison). En quoi consiste ce changement de point de vue ? Essentiellement en ceci : pour les physiciens, la singularité est ce lieu unique de l'Univers où tous les « marqueurs » de notre réalité (la température, la force de gravitation, la densité, etc.) s'emballent et deviennent infinis. Ce n'est pas notre avis. Essentiellement parce que les infinis ne peuvent pas faire partie d'une théorie physique. À nos yeux, la singularité initiale n'est pas un phénomène physique, qui existerait donc dans le temps réel. Il est bien plus logique (pour ne pas dire plus naturel) de la considérer comme une sorte d'être mathématique. Et dans ce cas, elle n'est pas dotée d'énergie (une énergie qui serait infinie) mais de tout autre chose. Et c'est justement

1. Ce chiffre varie. Aujourd'hui, il avoisine plutôt le million d'articles référencés.

2. In *Classical and Quantum Gravity*.

3. Luboš Motl, *L'Équation Bogdanov*, *op. cit.*

là, dans cette « autre chose », que se situe le secret du commencement du temps.

Vers l'information

Dix ans après la soutenance de nos thèses en 1999, les choses ont beaucoup changé. Des scientifiques d'un nouveau genre sont apparus, révolutionnaires dans leurs buts comme dans leurs méthodes. Ils s'appellent Seth Lloyd, l'un des pères des ordinateurs quantiques, David Deutsch, l'inventeur du nouveau courant « It from qubit », Stephen Wolfram, le concepteur de Mathematica et actif promoteur du « programme Univers ». Il y en a encore bien d'autres. Que nous disent-ils ? En gros, que le cosmos tout entier ne serait qu'un immense nuage d'informations dont l'évolution semble réglée par une sorte de « programme » évoquant plus ou moins celui d'un ordinateur.

Telle quelle, cette nouvelle science paraît chimérique. Pourtant, ses fondations sont très solides, tout autant que ses promoteurs. Sa source profonde remonte au XIXe siècle, avec les travaux de trois théoriciens qui ont fait basculer la science : l'Écossais James Clerk Maxwell, du King's College, l'Autrichien Ludwig Boltzmann, de l'université de Vienne, et l'Américain Josiah Willard Gibbs, de l'université Yale (le découvreur du remarquable « état de Gibbs » qui sera au cœur de nos propres recherches bien des années plus tard). À eux trois, ils ont découvert ce qu'on appelle la « mécanique statistique », qui n'est utilisable – et même compréhensible – qu'en temps imaginaire.

Chemin faisant, entre 1860 et 1900, ils ont été les premiers à montrer que le concept d'information pourrait bien constituer le « fonds ultime » de l'Univers.

Comment ? En opérant un rapprochement entre le concept plutôt vague d'information et celui, tout à fait rigoureux, d'entropie. Les résultats ne se sont pas fait attendre : on sait aujourd'hui que l'entropie d'un système correspond au nombre de bits d'information encodés dans les composants élémentaires – c'est-à-dire les particules – de ce système. Mais de quoi s'agit-il exactement ? qu'est-ce qu'un « bit d'information » ? En fait, lorsque vous voulez changer votre vieil ordinateur contre un modèle plus performant, vous commencez par interroger le vendeur sur la capacité de la mémoire de la nouvelle machine : autrement dit, vous cherchez à évaluer combien de bits pourra stocker le nouveau modèle. Dès lors, dire qu'un système comporte un bit d'information, c'est dire qu'il possède deux états possibles (que l'on peut symboliser par 1 ou 0). Un exemple ? Chacune des molécules d'air flottant autour de vous possède environ quarante bits d'information.

« *It from bit* »

À peu près un siècle plus tard, l'un des premiers théoriciens « modernes » qui oseront s'aventurer un peu plus loin dans ce domaine inconnu de l'information sera le physicien américain John Wheeler. Il a été le compagnon de pensée et l'un des derniers collaborateurs des deux plus célèbres frères ennemis de la science : Albert Einstein (le père de la relativité) et Niels Bohr (l'un des fondateurs de la théorie quantique). Avec le physicien allemand Carl Friedrich von Weizsäcker, puis Rolf Landauer (sans doute l'un des plus grands théoriciens d'IBM), John Wheeler a annoncé la naissance d'une nouvelle discipline, nommée « physique numérique ». Le contenu en est clairement résumé par la formule fétiche de Wheeler : « *It from bit*[1] ». Écoutons-le sur ce point : « "*It from bit*" symbolise l'idée que chaque élément du monde physique, au niveau le plus profond, a une source et une explication immatérielles[2]. » Wheeler ira même jusqu'à préciser : « Chaque chose existante – chaque particule, chaque champ de force, jusqu'au continuum d'espace-temps lui-même – tire entièrement sa fonction, sa signification, son existence même de choix binaires, de bits. Ce que nous appelons la réalité provient, en dernière analyse, du fait de poser des questions de type oui/non[3]. »

Aujourd'hui, d'autres grands noms de la physique, comme le Prix Nobel Gerard 't Hooft – l'un des correspondants qui ont le plus compté pour nous lors de la préparation de nos thèses –, développent chaque jour des idées nouvelles autour de ce que l'on commence à appeler la « physique numérique ». Dans le même esprit, le mathématicien Sir Roger Penrose, de l'université d'Oxford, compagnon de pensée de Stephen Hawking, poursuit aujourd'hui l'idée qu'une « information platonicienne » existe quelque part, enfouie dans les profondeurs de l'espace-temps, à l'échelle de Planck. Encore une fois, même si de telles hypothèses semblent inspirées par l'imagination sans limites de quelque

---

1. Expression que l'on pourrait traduire par « Ce qui est découle de l'information ».

2. « Information, physics, quantum : The search for links », in W. Zurek (éd.), *Complexity, Entropy, and the Physics of Information*, Redwood City, CA, 1990.

3. Conférence tenue en 1989 : « *Every it – every particle, every field of force, even the space-time continuum itself – derives its function, its meaning, its very existence entirely from binary choices, bits. What we call reality arises in the last analysis from the posing of yes/no questions.* » (Cité par J. Horgan in *The End of Science*, London, Little Brown, 1997.)

auteur de science-fiction, elles n'en ont pas moins le mérite de susciter des questions fondamentales sur le réel. Des questions qui renouvellent de fond en comble notre manière de penser les phénomènes, non seulement le temps et son commencement mais plus globalement, le destin de l'Univers tout entier.

Plus haut, nous avons mentionné le nom de Seth Lloyd, pionnier de ce qu'on appelle désormais les « ordinateurs quantiques », dont la mémoire et les processus logiques sont encodés dans les états des particules élémentaires. L'idée d'un ordinateur quantique a été lancée au milieu des années quatre-vingt par Richard Feynmann, David Deutsch, Paul Benioff et quelques autres. Mais comme le rappelle Seth Lloyd, à l'époque, personne n'avait la moindre idée de ce à quoi un tel ordinateur pouvait ressembler ni comment le construire. Ici, une petite anecdote. En mai 1977, deux ans avant le lancement de « Temps X », dans une nouvelle de science-fiction intitulée *L'Horloge parlante*[1], nous introduisions l'idée d'un « multipenseur nucléaire » qui n'était rien d'autre que l'ancêtre éloigné de l'ordinateur quantique. Nous l'imaginions alors sous la forme d'« un réseau nucléaire entre chaque atome porteur d'un quantum d'information ». On en était encore bien loin.

Le calcul de l'Univers ?

Trente ans plus tard, ce qui n'était encore qu'une idée vague est devenu une réalité avec la mise au point des premiers calculateurs quantiques. Seth Lloyd se

1. In *FUTUR'S* (mai 1977). C'était le premier numéro de ce magazine.

veut optimiste : « Les ordinateurs quantiques que nous avons construits mes collègues et moi-même atteignent déjà ce stade : chaque atome enregistre un bit d'information [1]. » Mais le théoricien n'entend pas s'arrêter en si bon chemin ! Pour lui, c'est l'Univers entier qui doit être vu comme un gigantesque ordinateur. Il semble « calculer » à chaque instant la réalité dans laquelle nous vivons. Par exemple, la chaise sur laquelle vous êtes assis serait calculée – et recalculée – d'une seconde à l'autre. « Et heureusement ! » ajoute-t-il, car si ce calcul perpétuel s'interrompait ne serait-ce qu'un instant, la chaise s'éparpillerait en une poussière d'atomes aux quatre coins de la pièce [2]. Au passage, Lloyd résout la vieille querelle qui, en 1860 (juste après la parution du fameux ouvrage de Darwin *L'Origine des espèces*), a violemment opposé le biologiste et philosophe Thomas Huxley à l'évêque et mathématicien Samuel Wilberforce. Pour apprécier l'intensité des joutes qui opposèrent les deux intellectuels, il suffit de se souvenir qu'un jour Wilberforce avait apostrophé publiquement Huxley en lui demandant s'il descendait du singe par son père ou par sa mère ! À quoi Huxley, furieux, avait répondu : « Je préfère être le descendant d'un misérable singe que celui d'un grand homme qui met ses dons intellectuels considérables au service du mensonge [3] ! »

---

1. S. Lloyd, *Programming the Universe*, New York, Knopf, 2006.
2. S. Lloyd, « Computational Capacity of the Universe », *Phys. Rev. Lett.* 88, 237901, 2002.
3. Sur ces mots, une dame dans l'assistance perdit connaissance, comme le rappelle avec humour Seth Lloyd dans un entretien : « Quantum Monkeys : A Talk with Seth Lloyd » (23 mai 2006 : www.edge.org/3rd_culture/lloyd06/lloyd06_index.html).

Le théorème du singe

Thomas Huxley (grand-père de l'écrivain Aldous Huxley) était un ami proche de Darwin. Et il défendait énergiquement l'idée reprise plus tard (vers 1907) par le mathématicien français Émile Borel selon laquelle l'évolution de la vie et, plus généralement, celle de l'Univers, était entièrement gouvernée par le hasard. Député et ministre de la République, Borel était avant tout mathématicien (membre de l'Académie des sciences), expert en calcul des probabilités. Or, dans l'un de ses ouvrages, afin d'illustrer le rôle plein du hasard dans l'évolution, il avait proposé un amusant paradoxe : celui du « singe savant ». De quoi s'agit-il ? Rien de moins que d'une proposition mathématique (certains parlent même d'un théorème) selon laquelle un groupe de singes, en tapant au hasard sur une machine à écrire, finirait par écrire tous les livres de la Bibliothèque nationale (pourvu qu'ils aient assez de temps devant eux). En fait, il a été démontré depuis que cette proposition était fausse : à moins de disposer d'un temps infini, les singes ne produisent et ne produiront jamais que des suites de lettres sans la moindre signification.

En revanche, tout change lorsque les singes, au lieu de taper sur une simple machine à écrire, utilisent le clavier d'un ordinateur. Dans ce cas, comme l'énonce Seth Lloyd : « Des singes tapant au hasard sur un ordinateur ont une probabilité raisonnable de produire n'importe quelle forme calculable d'ordre qui puisse exister [1]. » Et la proposition de Seth Lloyd suit en toute logique : il est alors possible d'appliquer cette explication à l'origine de la complexité dans l'Univers. Pour

1. S. Lloyd, « Quantum Monkeys... », art. cité.

cela, il suffit de considérer que l'ordinateur n'est autre que l'Univers lui-même ! Quant aux singes, rien de plus naturel que de les remplacer par les lois de la mécanique quantique. Conscient d'être à la veille d'un possible remaniement de la connaissance, Lloyd conclut : « Chaque particule élémentaire, chaque photon, chaque électron enregistre un certain nombre de bits d'information. Et chaque fois que deux particules élémentaires entrent en collision, elles échangent des bits. L'Univers calcule [1]. » En un mot, selon Lloyd, bien avant d'être enrichi par l'information créée par l'homme, l'Univers était déjà (dès l'origine) un fantastique système d'informations entrelacées, tressées les unes aux autres au sein de notre réalité.

L'Univers binaire

Dans cette perspective « numérique » de la réalité, tous les objets, toutes les situations, tous les états d'âme, peuvent se ramener à des suites binaires. Par exemple, interprétés par un ordinateur, les termes « vrai » et « faux » se lisent : 00000001/00000000. Le mot « pomme » se dit : 1110000 01101111 01101101 01101101 01100101. Ou encore le nombre décimal « pi » s'écrit : 01000000 01001001 00001110 10000000. Selon les adeptes de la physique numérique, tous les objets qui nous entourent, votre chien, votre voiture, mais aussi vos amis, leur culture, la vie qu'ils mènent, etc., se réduisent, en fin de compte, à des « bits » d'informations, des suites plus ou moins longues de « 0 » et de « 1 ».

À partir de là, on peut aller encore plus loin. C'est ce que fait Stephen Wolfram, théoricien surdoué, auteur du fameux programme de calcul algébrique

1. S. Lloyd, « Quantum Monkeys… », art. cité (www.edge.org).

Mathematica, qui obtint sa thèse de doctorat en physique des particules à l'âge de 20 ans : il vient de faire parler de lui dans le monde entier en lançant « Wolfram Alpha », un moteur de recherche révolutionnaire fondé sur le langage naturel et doté d'une véritable intelligence artificielle. Selon de nombreux experts, l'innovation pourrait devenir aussi importante que Google.

Selon Wolfram, l'Univers est par essence numérique et se réduit à un ensemble de lois fondamentales. Ces lois reposent sur ce qu'il appelle une « science d'un nouveau type » : les lois – toutes les lois – pourraient être entièrement décrites par des programmes simples, apparentés à ceux qui caractérisent ce que les informaticiens appellent des « automates cellulaires » (sur lesquels il a longtemps travaillé, en interaction, notamment, avec le Prix Nobel de physique Richard Feynmann). Certes, l'idée de systèmes capables de s'auto-reproduire avait déjà été abordée, dans le passé, par le génial mathématicien John von Neumann [1], mais Wolfram va encore beaucoup plus loin en affirmant que de tels systèmes représentent un excellent exemple de ce qui se passe au fondement même de la réalité.

Une information au fond des trous noirs

Voici à présent autre chose. Une autre étape, plus surprenante encore, qui vient renforcer cette convergence entre physique et théorie de l'information. Depuis quelques années est apparue en physique une relation troublante – à vrai dire si forte qu'elle a

1. J. von Neumann, A.W. Burks, *Theory of Self-Reproducing Automata*, University of Illinois Press, 1966.

provoqué le revirement de Stephen Hawking – entre les trous noirs et la notion d'information. À première vue, la question posée depuis une vingtaine d'années par les scientifiques semble très simple : que se passerait-il si un objet (par exemple un chien, une tasse de café, une voiture ou n'importe quoi d'autre) tombait dans un trou noir ? Jusqu'à une date très récente, on pensait que l'objet y serait englouti, entièrement détruit, dissous jusqu'à la dernière particule. En somme, tout bonnement effacé de l'Univers. Or, depuis quelques années, on pense que « quelque chose » survit à l'engloutissement dans le trou noir. Mais quelle est donc la nature de ce « quelque chose » ? En fait, rien d'autre que l'information caractérisant l'objet disparu ainsi. Par exemple, si la matière de votre voiture est bel et bien détruite dans la singularité gravitationnelle du trou noir, en revanche, l'information qui la caractérise (sa forme, sa couleur, ses composantes innombrables, etc.) survit à la catastrophe. Selon les physiciens, elle peut même être entièrement restituée par le trou noir après son évaporation. En 2004, Hawking a publié sur ce point un article spectaculaire dans *Physical Review*, article dans lequel, pour l'anecdote, il reconnaît avoir perdu son pari, engagé des dizaines d'années auparavant avec d'autres experts de ce sujet (en effet, jusqu'en 2004, Hawking avait défendu l'idée selon laquelle l'information d'un objet était irrémédiablement perdue dans le trou noir).

Dès lors, si nous acceptons l'idée que l'Univers a bien commencé sous la forme d'un point sans dimension, une singularité initiale dont l'échelle était nulle, ne sommes-nous pas tentés d'établir une relation entre la singularité initiale de l'Univers et la singularité finale des trous noirs ? Ne peut-on comparer ces deux phénomènes dont les propriétés semblent identiques ? Et si [illegible] vec Hawking que la singularité du trou [illegible] bel et bien une information, n'est-il pas [illegible] plausible de considérer l'existence d'une information primordiale, une information conservée au voisinage de la singularité initiale de l'Univers ?

Le principe holographique

En 1991, après notre entrée en tant qu'étudiants chercheurs au laboratoire d'études nucléaires de l'université de Bordeaux, nous avons publié les fondements de notre modèle. Pour la première fois, nous y avons présenté nos deux idées principales : d'une part, l'émergence d'une cinquième dimension de temps imaginaire à l'échelle de Planck et, d'autre part, l'existence d'une sphère à trois dimensions comme bord de notre espace-temps. Nous ajoutions alors que cette sphère (également bord de l'espace dit « euclidien » dont la quatrième dimension est imaginaire) concentrait toutes les données – c'est-à-dire les informations – caractérisant les deux espaces (en premier, bien sûr, l'espace-temps) dont elle était le bord.

À l'époque, la proposition paraissait très spéculative. Pourtant, quelques années plus tard, tout allait changer. Sous l'impulsion du futur Prix Nobel Gerard 't Hooft, une théorie nouvelle intéresserait de plus en plus de chercheurs à partir de 1998 : connue aujourd'hui sous le nom de « principe holographique », cette approche donne une force inattendue à l'idée apparemment inaccessible à la physique d'un « code à l'origine » (et au passage à l'existence possible d'une cinquième dimension). En fait, ce nouveau principe énonce que toutes les informations de l'espace-temps – nous disons bien toutes – pourraient être lisibles sur le bord à trois dimensions de notre Univers ! Nous étions d'autant plus troublés que dans les années 1993, grâce aux groupes quantiques, nous avions été conduits vers la même hypothèse. N'est-il pas fascinant d'imaginer que l'information initiale pourrait être recueillie à chaque instant au bord de notre espace-temps ? C'est-à-dire, tout simplement, dans l'espace ordinaire à trois dimensions dans lequel nous vivons ? Nous reviendrons plus tard sur ce phénomène passionnant, dont on peut néanmoins avoir une idée à travers un exemple simple : de même que l'image visible à la surface d'un écran de télévision n'est que la projection d'une réalité dont la source est ailleurs, le bord de notre espace-temps, selon la théorie holographique, pourrait recueillir des informations dont la source serait située à l'origine.

À ce stade, il nous faut apporter une précision de nature à éclairer la compréhension de notre livre. On peut lire souvent, ici ou là, que le second principe de la thermodynamique s'applique à l'Univers entier. Soit. Dans ce cas, cela veut dire que l'entropie – c'est-à-dire le désordre – de l'Univers augmente à mesure que le temps passe. Et puisque l'information est l'inverse de l'entropie, la flèche du temps implique que l'information globale de l'Univers diminue à mesure que le temps s'écoule. Là encore, soit. Mais alors, comment concilier cette « diminution de l'information » avec l'augmentation locale de l'ordre – par exemple, la formation des planètes, l'apparition et l'évolution de la vie, etc. – à mesure que le temps progresse ? Comment résoudre ce paradoxe gênant ? Tout simplement en introduisant une distinction entre deux types d'information situés, d'une certaine manière, « aux deux bouts de l'Univers » : l'une est à l'origine, l'autre à la fin. La première, c'est l'information initiale. Virtuellement infinie à l'instant zéro, cette information initiale « vit » dans le temps imaginaire : c'est elle qui, dans notre modèle de type pré-Big Bang, « code » l'Univers avant le Big Bang. Pour prendre une image commode, on pourrait la comparer à l'information génétique qui « code » un organisme vivant avant sa naissance. Or, « à l'autre bout » de cette information initiale plongée dans le temps imaginaire, il y a une deuxième forme d'information qui, au contraire, « vit » dans le temps réel : l'information finale. Elle correspond à ce qu'on appelle habituellement la complexité. Elle est naturellement très faible au moment du Big Bang (1 bit seulement, selon Seth Lloyd) et ne cesse d'augmenter avec le temps (pour atteindre aujourd'hui, toujours selon les calculs de Lloyd et d'autres, environ 10^{120} bits). Dès lors, toute l'histoire de l'Univers peut se comprendre ainsi : une transformation de l'information initiale en information finale. Nous avons déjà pris pour exemple le DVD dans lequel est inscrite « toute l'histoire » du film. Il suffit de mettre le disque en lecture pour que l'information qu'il contient soit progressivement délivrée dans le temps réel. À la fin du film, le spectateur « connaît » le scénario : il aura acquis l'information initiale (devenue pour lui une information finale). D'une certaine manière, tout se passe un peu comme si l'Univers entier était en train d'acquérir, au fil des milliards d'années, de plus en plus d'informations : lancé dans l'aventure de sa complexité croissante, le cosmos semble donc contraint à recomposer, au cours d'une histoire immensément longue, l'information initiale d'avant le Big Bang.

Dans le paragraphe précédent, nous venons d'associer la notion d'information à celle de « temps imaginaire ». Et il nous semble important de rappeler que ce fameux « temps imaginaire » n'est ni une convention abstraite, ni une commodité de langage : il s'agit bel et bien d'une réalité sur laquelle reposent quantité de phénomènes physiques aussi déconcertants les uns que les autres.

Les moteurs mathématiques

Ces questions passionnantes viennent à peine d'apparaître à l'horizon de certaines théories physiques. Nous les aborderons avec prudence : elles sont encore balbutiantes, disséminées dans ce qui ne représente pas pour le moment une théorie solide et cohérente. Mais elles suscitent bel et bien un nouvel essor pour la physique avancée. Et pour la pensée contemporaine. Dès les années quarante, le chercheur autrichien Erwin Schrödinger, Prix Nobel de physique, père de la célèbre « équation de Schrödinger » en mécanique quantique, était déjà pleinement conscient de ce nouvel horizon. Dans son ouvrage prophétique *Qu'est-ce que la vie ?* publié bien des années avant la découverte de l'ADN, il est le premier à parler de ce qu'il appelle le « code de l'hérédité ». Mais il va encore plus loin : il suggère que les lois de la mécanique quantique pourraient déterminer jusqu'à la stabilité de l'information génétique. Selon ses hypothèses, les mutations biologiques pourraient être causées par les fluctuations quantiques. L'idée est proprement révolutionnaire et, dans le sillage du sous-titre – « De la physique à la biologie » –, établit la toute première fondation de cette science nouvelle qu'on appelle de nos jours la « biophysique ». Mais il y a plus étonnant encore. On se souvient que les travaux sur le Big Bang du chercheur russe George Gamow ont été fortement influencés par son premier maître, Alexander Friedmann : ils travaillaient ensemble, à Saint-Pétersbourg, au moment où Friedmann découvrit le Big Bang dans ses équations. Cet héritage a fait de Gamow l'un de ceux qui ont le plus contribué au développement de la théorie du Big Bang : dès les années quarante, il a prédit l'existence du rayonnement fossile, vestige de l'Univers naissant que l'on observe dans toutes les directions de l'espace : véritable « relique cosmologique » dont les satellites Cobe et WMAP nous ont transmis des images inoubliables, le rayonnement fossile nous vient d'un Univers qui n'était âgé que de 380 000 ans [1]. Or ce que l'on sait moins, c'est que Gamow a apporté à la biologie l'une des clefs qui ont permis de déchiffrer le code génétique. Comme le rappelle Francis Crick, Prix Nobel pour la découverte de la structure de l'ADN, Gamow a été le premier à proposer que les quatre bases de l'ADN soient regroupées trois par trois pour former les vingt acides aminés intervenant dans la synthèse de toutes les protéines d'un organisme. Pourquoi cette suggestion du triplet par Gamow ? Pour des raisons purement mathématiques : parce que 3 est le plus petit nombre entier *n* tel que 4^n soit supérieur à 20 (le nombre des fameux acides aminés). Encore une fois, ce qui est ici frappant, c'est la découverte d'un « moteur mathématique », un ordre à l'œuvre dans des processus que l'on croyait jusque-là dominés par le hasard (n'oublions pas ici que le mot grec *kosmos* veut dire « ordre »). C'est ce qui nous a poussés à chercher, comme vous le verrez dans ce livre, une équivalence nouvelle, prolongeant celle qu'Einstein a mise en évidence entre la matière et l'énergie dans son illustre formule $E = mc^2$. Dans ce qui va suivre, vous découvrirez les raisons qui

1. Le rayonnement fossile devient visible au moment de la « dernière diffusion », événement qui survient environ 380 000 ans après le Big Bang et qui marque la séparation entre la matière et la lumière. À cet égard, le satellite astronomique Planck, lancé le 14 mai dernier, devrait nous en apprendre beaucoup sur l'Univers une fraction de seconde après le Big Bang.

nous ont amenés à penser qu'il existe peut-être une autre équivalence fondamentale : s'il est possible d'échanger de la matière contre de l'énergie, ne peut-on imaginer que l'on puisse échanger de l'énergie contre de l'information ?

Encore un mot au sujet de l'existence possible de ce « moteur mathématique » sous-jacent à l'évolution : le bouillant astrophysicien Fred Hoyle, en lutte avec Gamow quant à l'existence du Big Bang, était malgré tout d'accord avec lui sur un point. Un point essentiel : la vie n'avait pas surgi par hasard de l'océan primitif. À l'appui de sa conviction, il répétait ce chiffre à qui voulait l'entendre : la possibilité que l'ADN se soit assemblé par hasard est de 1 sur $10^{40\,000}$ (1 suivi de 40 000 zéros, un chiffre fantastiquement plus grand que le nombre de particules élémentaires dans l'Univers entier – « seulement » 10^{80}, selon l'astronome anglais Eddington). C'est d'ailleurs dans le même sens que le biologiste américain Richard Dawkins (connu pour ses thèses évolutionnistes) reconnaît que la probabilité pour qu'une simple molécule d'hémoglobine s'assemble d'elle-même, par hasard, est de 1 contre 10^{190} ! Mais si ce premier moteur mathématique existe bel et bien, quelle pourrait être sa forme ? Et où donc le chercher si ce n'est au commencement du temps ?

Avec ce livre, nous allons donc tenter, à notre tour, de franchir une nouvelle étape. De mieux comprendre cet ordre sous-jacent à partir duquel se déploie la réalité. Jusqu'à entrevoir, peut-être, cet « esprit qui se manifeste dans les lois de l'Univers », comme l'a écrit Einstein à un enfant le 24 janvier 1936. Où avons-nous le plus de chances de trouver, s'il existe, la trace de cet ordre fondamental ? Sans aucun doute là où se nouent toutes les questions et tous les mystères. Au voisinage de la singularité initiale de l'espace-temps. Comment l'Univers a-t-il commencé ? Personne n'en sait vraiment rien. Pas même les plus grands physiciens. Aucune théorie n'est plus exacte qu'une autre. Pourquoi ? Parce que le « commencement du monde » est un phénomène extrêmement difficile à comprendre et à décrire. Isabelle Stengers, philosophe des sciences et professeur à l'université libre de Bruxelles, observe qu'il s'agit peut-être là du « graal de la physique [1] ».

Pour avoir une chance de le trouver, il nous faudra plonger dans l'abîme du temps... un an, dix ans, un siècle, un million, des milliards d'années en arrière, jusqu'au moment du Big Bang. Et même avant. Jusqu'à toucher cet étrange au-delà où l'espace et le temps n'ont pas encore pris forme.

Au bout de la nuit originelle, avant que le premier atome de réalité n'émerge du néant, peut-être verrons-nous enfin la trace fulgurante, énigmatique, mystérieuse, d'une harmonie à l'instant zéro. Et qui sait si cette singularité initiale, riche de l'immense Univers à venir, ne portait pas en elle l'image d'un ordre profond, d'un degré infiniment élevé qui, des premières particules aux lointains amas de galaxies, allait orienter le cosmos, le réaliser et, finalement, lui donner un sens.

---

1. Isabelle Stengers, « Mésaventures du pacte antifictionnel », in Thierry Lenain (éd.), *Mensonge, mauvaise foi, mystification*, Actes du séminaire de philosophie de l'art et de la littérature tenu à l'université libre de Bruxelles en 2002, Vrin, 2004.

1

UN ROCHER SUR LA LIGNE D'UNIVERS (2009-1979)

Imaginez...

Nous sommes à Paris, quelque part au pied de la tour Eiffel : plus de dix mille tonnes de fer, de mâts, de poutrelles et d'entretoises, dix-huit mille pièces d'assemblage, deux millions et demi de rivets. C'est juste en face de ce monument que va commencer notre aventure : un voyage fantastique dans le passé, très loin de notre époque. Si loin que nous atteindrons peut-être, tout au bout de cet immense tunnel, l'origine même du temps.

L'Univers existe depuis cent trente-sept millions de siècles. Ou bien, exprimé en secondes, cent millions de milliards de secondes (ce qui, étrangement, semble peu face aux trois milliards de secondes qui marquent la durée moyenne d'une vie humaine). Toujours est-il que tous les éléments de l'Univers, jusqu'au moindre détail (par exemple, ce que vous avez fait depuis que vous vous êtes levé ce matin), tout cela est inscrit dans le passé, le long de ce que les physiciens appellent une « ligne d'Univers ». Cette belle expression a été introduite par Albert Einstein au début du XXe siècle et désigne la trajectoire d'un objet non seulement dans l'espace, mais aussi dans l'espace-temps. Qu'est-ce que cela veut dire ? Qu'au lieu de marquer des pointillés sur une carte (en deux dimensions) pour représenter un chemin parcouru, nous allons les tracer en quatre dimensions dans l'espace-temps. De ce point de vue, votre voiture, par exemple, possède sa ligne d'Univers, bien à elle et totalement unique : à chaque instant, elle s'est trouvée « quelque part » dans l'espace et dans le temps. Et en un certain sens, cela reste vrai à l'échelle de l'Univers tout entier. Pour remonter dans le passé, en direction du commencement du temps, nous allons donc tout simplement rebrousser chemin le long de la ligne de l'Univers entier. Un peu comme si nous revenions en arrière sur une route.

Avec les années, le monde nous semblera de plus en plus différent. La science et la technique s'en retireront lentement, comme une mer qui s'éloigne d'une plage à marée basse. Peu à peu les innombrables objets engendrés par le progrès – outils, machines, voitures, maisons, cartes à puce, lecteurs DVD – deviendront de plus en plus simples, de plus en plus grossiers. Puis finiront par disparaître les uns après les autres. En somme, chaque fois que nous irons un peu plus loin dans le passé, d'un jour ou d'un siècle, le monde verra son niveau total d'informations diminuer : son « infosphère » deviendra de plus en plus petite.

Précisons ici que cette « infosphère » contient deux types d'informations : d'une part, celle issue de la nature et de son évolution ; d'autre part, celle résultant des activités humaines. La première correspond à l'information « naturelle » (qui « code » les lois physiques, biologiques, génétiques) ; la seconde, directement liée à l'action de l'homme sur son environnement, correspond à l'information « artificielle » engendrée, entre autres, par la technologie. Alors que l'accroissement de l'information naturelle s'étend sur des milliards d'années, celui de l'information artificielle va en s'accélérant.

Dès lors, à mesure que nous remonterons les années, le temps jouera son étrange partition à l'envers : il perdra chaque année un peu plus d'« intelligence ». Chaque année, le nombre d'ordinateurs, de systèmes électroniques, de smartphones et de téléphones portables diminue, leur capacité s'affaiblit, l'information globale du monde se réduit. Il faut se rappeler qu'au XVIIIe siècle l'homme moyen manipulait tout au long de sa vie la même quantité de bits d'informations qu'un citoyen de 2009 en une seule journée. Et ce parce que l'« infosphère » devient de plus en plus petite à mesure qu'on s'enfonce dans le passé. Jusqu'à ces instants où, très loin dans le torrent des siècles, avant Neandertal, la première étincelle d'information fabriquée par l'homme s'effacera à son tour et où l'Univers lui-même commencera à se défaire. À perdre sa propre information. À se disloquer en particules de plus en plus élémentaires.

Avant de commencer notre voyage, nous allons prendre pour repère cet énorme rocher qui affleure entre les herbes du jardin de Chaillot. Un bloc de grès. Tout comme les blocs mythiques de Fontainebleau que connaissent tous les grimpeurs du monde (Marie Rose, l'Abattoir, Carnage, Big Boss, la Défroquée, etc.), ce rocher gris existe, lui aussi, depuis des millions d'années. Sur la partie exposée au soleil, nous remarquons une profonde entaille, très droite, sur une vingtaine de centimètres. Elle semble très ancienne. D'où provient-elle ? Notre voyage nous permettra peut-être de le découvrir.

⋆

Premier saut, un peu timide : une journée dans le passé. Nous testons d'abord notre téléphone : il fonctionne parfaitement. La dizaine de courriels que nous venons de recevoir s'ajoute aux 200 milliards de courriels et de spams qui seront échangés aujourd'hui dans le monde. Nous jetons un regard alentour : depuis notre départ, rien n'a encore changé, si ce n'est quelques détails insignifiants, à peine visibles. Comme, par exemple, ce gardien harnaché dans son uniforme avec son chien-loup au pied des ascenseurs. Nous l'avons croisé il y a quelques semaines : il nous salue tranquillement. Sur son petit bureau, il y a un ordinateur portable. Nous ne sommes pas certains que le gardien ait vraiment conscience de la capacité de cette petite machine. Comme tous les portables de sa génération, cet ordinateur est doté d'un disque dur d'environ 300 gigabytes[1]. Qu'est ce que cela veut dire ? Simplement qu'il est possible d'y stocker 2 400 mil-

1. Ce qu'on appelle en anglais un « byte » représente 8 bits, c'est-à-dire 1 octet de votre ordinateur (ou encore un caractère ; par exemple, la lettre a). Un mot ordinaire représente une dizaine de bytes (une dizaine de caractères) et une page imprimée autour de 2 000 bytes (ou encore 2 kilobytes). À partir de là, le mégabyte représente 1 million de caractères (un livre de 500 pages en moyenne) et le gigabyte 1 000 fois plus (un milliard de caractères, soit 1 000 livres de 500 pages environ). Autrement dit, lorsque votre téléphone portable ou votre baladeur numérique affiche 32 gigabytes de mémoire, cela signifie que vous avez dans votre poche l'effarante quantité de 32 000 livres d'environ 500 pages chacun. Au-dessus du gigabyte, on trouve le térabyte, soit 1 000 gigabytes (ou encore une bibliothèque de 1 million d'ouvrages correspondant à une forêt de plus de 100 000 arbres). Toujours plus haut, le petabyte est équivalent à 1 000 térabytes (soit 1 milliard de livres de 500 pages, à peu près tous les livres de toutes les bibliothèques et librairies de France). Au-dessus du petabyte, c'est l'exabyte qui vaut 1 000 petabytes, soit mille milliards de livres.

liards de « bits » d'information, soit encore le nombre faramineux de 250 000 livres d'environ 500 pages chacun. Au moment où il pianote sur le clavier de sa machine, le gardien ne se doute pas qu'il peut tranquillement y enregistrer une bibliothèque entière : s'il plaçait les uns sur les autres tous les livres susceptibles de prendre place dans le disque dur de son ordinateur, il pourrait former une pile bien plus haute que la tour Eiffel : cette colonne de livres atteindrait les 15 kilomètres. Et se doute-t-il qu'il suffirait de trois petits ordinateurs comme le sien pour enregistrer en MP3 toutes les conversations qu'il pourrait tenir durant toute sa vie ? Enfin, sait-il que le stockage de la totalité des informations existant en 2009 sur terre et sous tous supports (disques durs, livres, imprimés, etc.) représente environ 500 exabytes ?

Loin de ces questions vertigineuses, pour aider le personnel à passer le temps, la société de la tour Eiffel a installé une petite télévision à écran plat dans un coin de la guérite. Le gardien jette un œil distrait sur un match de foot tout en échangeant quelques mots avec une très vieille marchande de journaux que les habitués connaissent depuis toujours. Courbée sur sa canne, elle marche en boitant. Été comme hiver, son visage ridé est encadré d'un foulard gris. On devine à peine un regard très clair derrière les verres à double foyer de ses lunettes.

Deuxième bond en arrière. Un an, pas davantage. Là encore, le décor n'a guère évolué autour de nous, à quelques petites choses près : la peinture de la guérite d'entrée est un peu plus fraîche tandis que les plants de fleurs à l'avant des massifs qui bordent le Champ-de-Mars sont à peine sortis de terre. Cette fois, le gardien ne nous salue pas : il ne nous connaît pas encore. D'une main vague et molle, un peu distraite, il caresse son berger allemand qui n'est encore qu'un chiot maladroit sur ses pattes et qui cherche seulement à jouer avec le premier venu. Près de la fenêtre de la guérite, l'écran plat de la télévision diffuse les images très nettes d'une course automobile. Fichu gris sur la tête, la vieille marchande est à la même place, ses journaux étalés sur une planche de bois entre deux tréteaux. En dehors de ces quelques détails, il nous serait impossible de dire que nous avons plongé un an dans le passé. Pourtant, le flux d'informations numériques qui parcourt notre monde a déjà diminué : près d'une centaine d'exabytes en moins, soit environ cent mille milliards de livres de cinq cents pages chacun [1]. Même s'il est vertigineux, un tel chiffre prend tout son sens si on le rapproche de la puissance des supercalculateurs en 2008 : RoadRunner, l'ordinateur le plus puissant du monde, est doté d'une capacité de calcul qui dépasse 1 petaflop. Qu'est-ce que ça veut dire ? Simplement que pour égaler une seule journée de calcul de RoadRunner, il faudrait demander aux 6 milliards d'êtres humains sur cette planète de calculer jour et nuit, sans interruption, pendant 46 ans !

Encore étourdis, nous mettons la main sur notre téléphone pour appeler un ami. La communication est

---

1. Rappelons que selon les chercheurs de l'université de Berkeley (États-Unis), le volume d'informations stockées (tant sous forme écrite que numérique) par l'humanité entière, depuis des milliers d'années, s'élève en 2002 à 5 exabytes. Dans leur grande majorité, ces informations sont conservées sur support papier, sur CD et sur DVD. Depuis, le stockage en ligne a proliféré. En 2008, il représente environ 246 exabytes d'informations et devrait atteindre 600 exabytes en 2010. À ces chiffres il faut ajouter les flux audio et vidéo qui ne sont pas stockés de manière permanente et sont estimés à environ 300 exabytes en 2008 – soit bien plus que le contenu actuellement stocké. Et il est prévu que cet écart s'accentue d'environ 20 % par an.

claire. Pourtant, nous remarquons que quelques services ne fonctionnent plus : la TV n'est plus accessible et le système de géolocalisation ne fournit aucune donnée valable. Même chose en ce qui concerne la borne WiFi de la tour Eiffel : elle n'a pas encore été mise en service.

Un nouveau saut, et nous voici dix ans plus tôt, en 1999 : l'année de soutenance de nos thèses. Jacques Chirac en est à la quatrième année de son premier septennat. Nous émergeons le 11 août au matin. Et là, première découverte : il est plus de 11 heures, mais il fait presque noir. La tour Eiffel disparaît, engloutie par les ombres en plein jour. En fait, nous avons choisi ce matin-là car il est marqué par la dernière éclipse totale du millénaire. Notre gardien est déjà dans sa guérite, mais il est beaucoup plus jeune. Un autre berger allemand (peut-être le père de celui que nous avons connu en 2009) aboie furieusement contre l'éclipse. La vieille marchande de journaux est assise, elle aussi, à la même place : elle se ressemble déjà. Un détail nous frappe dans la guérite : à la place de l'écran plasma, près de la fenêtre, on devine maintenant un gros poste de télévision ; les couleurs du match de boxe sont un peu artificielles, l'image beaucoup moins nette. Combien d'informations ce poste de télévision a-t-il perdues par rapport à l'écran plasma de 2009 ?

Nous poussons un profond soupir. Ce n'est pas seulement la télévision du gardien qui a perdu de l'information, c'est le monde tout entier : l'infosphère a perdu plus de trois cents exabytes en dix ans. Comment mesurer concrètement une telle chute ? Pour le savoir, nous essayons tout d'abord notre téléphone. Première constatation : les réseaux 3G et Edge ne s'affichent plus à l'écran. À la place, nous voyons seulement pointer deux barres qui indiquent que nous captons Itineris, le seul réseau disponible à cette époque. Il nous suffit de presser une seule fois l'icône de Safari pour constater qu'Internet ne fonctionne plus. Seule la page d'accueil, stockée en mémoire, s'affiche à l'écran. Mais aucune autre ne vient prendre le relais. Bien sûr, la messagerie visuelle, la TV, le GPS, le service Météo, YouTube, l'Apple Store, l'iPod, Spot'Finder, etc., ne fonctionnent pas non plus. Ceci veut dire qu'autour de nous la jauge d'information accuse une nouvelle baisse : alors qu'en 2009 l'humanité aura généré plusieurs centaines d'exabytes d'informations nouvelles [1] (qui viendront s'ajouter aux 246 exabytes d'informations déjà stockées), en 1999, elle aura seulement généré 1,5 exabyte d'informations originales (soit 250 mégaoctets de nouvelles données de toutes sortes par habitant) [2]. Un autre indicateur nous sera utile : le nombre de visiteurs de la tour. Cette année-là, 5 millions de personnes l'ont visitée : bien moins que les 8 millions décomptées en 2008. Et déjà, certaines transformations commencent à se faire sentir, ici ou là. Par exemple, les voitures sont légèrement différentes. Bien sûr, de nombreux modèles connus en 2009 circulent déjà dans les rues, mais les véhicules auxquels nous sommes habitués aujourd'hui ne sont pas encore nés. Autre changement : les téléphones portables. Ils existent déjà, mais ils sont lourds, très encombrants, et leurs écrans paraissent ridiculement petits. Les baladeurs numériques (les iPods et autres minuscules lecteurs MP3) avec leurs écrans plats et leur mémoire vertigineuse, tout cela n'est encore qu'un rêve lointain,

1. Bien plus que durant les dix mille années qui précèdent.
2. Étude réalisée à l'université de Californie Berkeley (États-Unis) en 2000.

à peine visible dans les brumes de l'avenir. À la place, on doit se contenter de gros boîtiers en métal (qu'à l'époque on appelle encore des « *walkmans* », un mot aujourd'hui disparu) dans lesquels on glisse des disques. Le pire, ce sont les lecteurs de « minicassettes ». Avec eux, finis les milliers de morceaux stockés sur un timbre-poste : on accède tout au plus à une vingtaine de chansons qu'il faut chercher laborieusement en faisant défiler la bande magnétique durant de longues minutes. Cependant, tout cela relève encore du détail. Pour observer vraiment les transformations du paysage, il nous faudra aller plus loin. Par exemple, vingt ans plus tôt.

C'est un samedi du mois de juin 1982. Il fait beau au-dessus de Paris. Un coup d'œil autour de nous et cette fois c'est certain : les choses ont nettement changé. Notre gardien est un jeune homme. Couché à ses pieds, un vieux chien-loup (arrière-grand-père du berger allemand de 2009 ?) lèche tranquillement le bout de ses pattes. Quant à la guérite, elle vient d'être repeinte. À l'intérieur, près de la fenêtre, le poste de télévision affiche à présent une image floue aux couleurs factices. Le poste est tellement gros qu'il est placé sur un support spécial, dans un coin de la pièce. Sur la droite de la guérite, nous pouvons voir la table de fortune sur laquelle la marchande de journaux a disposé ses magazines : elle est plus jeune et marche à présent sans canne. Bien sûr, de l'esplanade du Trocadéro où nous nous trouvons, le panorama est toujours le même : l'École militaire, la tour Eiffel, le Champ-de-Mars. À ceci près que la « dame de fer » n'a pas encore été repeinte (ses cinquante tonnes de peinture ne seront étalées qu'en 1980, comme tous les sept ans). Mais les vrais changements sont ailleurs.

D'abord dans les voitures : en dehors de quelques rares modèles qui ont traversé le temps, comme la légendaire « Coccinelle », presque toutes sont maintenant méconnaissables. Ensuite, les vêtements. Les hommes portent de larges cravates multicolores, les femmes déambulent en vestes épaulées et en jupes droites, légèrement au-dessus du genou. Nous faisons quelques pas vers l'esplanade. Un vent tiède glisse sur les dalles. Tout à coup, un détail nous saute aux yeux : l'absence du téléphone. Plus un seul mobile dans les mains ou à l'oreille des passants. Que feriez-vous dans un tel monde ? L'ordinateur portable n'est encore qu'un souvenir enfoui dans l'avenir. La puissance des machines qui existent à cette époque a été divisée par plus d'un million. Et bien sûr, plus de baladeurs numériques, ni de consoles de jeux, ni de GPS. Ces objets n'existent alors que dans les rêves de certains écrivains de science-fiction. Presque par jeu, nous déverrouillons notre iPhone : rien ne marche. L'écran d'accueil est bien allumé, avec toutes ses icônes, mais plus aucune fonction de communication n'est accessible. Plus de réseau. Aucune possibilité de téléphoner à quiconque ou encore d'afficher une page Internet. Les seules fonctions encore actives sont celles qui dépendent de la mémoire interne de l'appareil : iPod, lecture de courriels, photos, etc. Même si les changements ne sont pas encore évidents au premier coup d'œil, le monde de cette époque est profondément différent. Nous nous approchons de l'étalage à journaux. La marchande vient de les remettre en ordre. Nous lui achetons *Science et Vie*. Le magazine n'a consacré qu'un entrefilet à l'expérience du physicien Alain Aspect de l'Institut d'optique d'Orsay ? Cette expérience est la première grâce à laquelle il a été possible de réfuter, dans le cadre de la mécanique quantique, les inégalités de Bell (un autre physicien) et de valider, du même coup, ce qu'on appelait dans les laboratoires la « non-séparabilité quantique » (c'est-à-dire le fait que deux objets quantiques qui ont interagi dans le passé, comme deux particules, ne peuvent être représentés indépendamment l'un de l'autre : même séparés dans l'espace, ils doivent être représentés globalement, comme s'il ne s'agissait que d'un seul et même objet). Mais pour la marchande, cette inséparabilité n'est que bavardage : *Le Figaro* et *France-Soir* sont deux journaux différents l'un de l'autre et elle ne pourra jamais les considérer comme un seul et même objet.

Consultons notre « jauge » : elle nous indique que l'infosphère de ce monde-là est environ cinq cents fois plus petite que celle de l'année 2009. Quant au nombre de visiteurs de la tour, il est tombé à 3 429 571 personnes.

2

LA PLUS HAUTE TOUR DU MONDE (1979-1830)

Le temps se remet à défiler de plus en plus vite. 1979, 1975, 1970. Nous voici dans les années soixante : le reflux, la disparition progressive de tout ce qui fait notre monde à l'aube du troisième millénaire se fait de plus en plus sentir.

Été 1969. Une femme encore jeune traverse la rue devant nous, un gros paquet de *France-Soir* sous le bras. Nous avons du mal à reconnaître la très vieille marchande de journaux croisée 40 ans plus tard. Elle porte toujours un foulard de soie grise noué sous le menton. Mais son visage non maquillé rayonne de couleurs et d'énergie. L'œil sur un autre client, elle nous tend le journal sans remarquer que la pièce de 1 euro que nous lui donnons en échange n'existera qu'un demi-siècle plus tard. Un titre a attiré notre attention : « On a marché sur la Lune ». Nous sommes le 21 juillet 1969. La photographie inoubliable de Neil Armstrong, reflet du drapeau américain dans la visière de son casque, fait la une de *France-Soir* comme de tous les journaux du monde. L'astronaute a débarqué sur la Lune, à presque 300 000 kilomètres de la Terre. Comment un tel exploit a-t-il été possible alors que l'ordinateur de bord du module d'exploration lunaire, le fameux LEM qui réussit à se poser six fois à la surface de la Lune, disposait seulement de 4 kb de RAM et de 74 kb de « disque dur » – une capacité bien inférieure à celle du plus petit de nos smartphones ?

Avril 1964. Ce soir-là, une averse de printemps s'abat sur le Trocadéro. Les passants se pressent les uns contre les autres sous les grandes bâches des cafés. Un journal vient de tomber à terre. Son titre nous intrigue aussitôt : « Deux savants américains écoutent le souffle du Cosmos ». De quoi s'agit-il ? De rien de moins qu'une découverte qui vaudra, en 1978, le prix Nobel à Arno Penzias et Robert Wilson, deux physiciens américains aujourd'hui mondialement connus. Or, au printemps 1964, ils ne sont encore que deux étudiants chercheurs. Grâce à une banale antenne d'écoute installée sur le toit de leur laboratoire, ces deux jeunes radioastronomes ont réussi à capter, par hasard, la signature claire, omniprésente, du fameux « rayonnement fossile », la relique cosmologique de l'explosion originelle. Ce fameux bruit de fond, « lointaine rumeur de la Création », Robert Dicke et Jim Peebles, deux astrophysiciens de Princeton l'avaient eux aussi observé quelques jours auparavant : il s'agissait de l'une des preuves les plus solides en faveur de l'existence du Big Bang.

Juste avant de reprendre notre voyage, nous apercevons Roland Barthes, assis en terrasse : il vient mettre la dernière main à son ouvrage *La Tour Eiffel* qui sera publié quelques semaines plus tard. Nous le trouvons vaguement plus jeune, plus *détaché*, que dans les années soixante-dix, époque à laquelle il nous accueillera dans le petit séminaire de l'École des hautes études en sciences sociales. À certains gestes, certains regards vers les arbres, il nous rappelle le Barthes que nous connaîtrons plus tard, celui de la campagne, à Urt : combien de fois l'avons-nous vu faire brûler, en le remuant du bout de son bâton, un petit tas de feuilles mortes au fond du jardin ? Pensait-il littérature, texte, discours, sémiologie, ou simplement *feuilles* à cet instant-là ? Ce matin, place du Trocadéro, il ne nous connaît pas encore. Fumant un cigare, il griffonne quelques notes à l'encre bleue sur son carnet. Nous voyons tout de suite que son stylo est d'un modèle beaucoup plus simple que celui dont il ne se séparait jamais à l'École des hautes études. C'est un stylo moins complexe, moins « informé », avec lequel il écrit peut-être cette phrase que l'on retrouvera un peu plus tard dans son livre : « Regard, objet, symbole, la Tour est tout ce que l'homme met en elle, et ce tout est infini. Spectacle regardé et regardant, édifice inutile et irremplaçable, monde familier et symbole héroïque, témoin d'un siècle et monument toujours neuf, objet inimitable et sans cesse reproduit, elle est le signe pur, ouvert à tous les temps, à toutes les images et à tous les sens : la métaphore sans frein : à travers la Tour, les hommes exercent cette grande fonction de l'imaginaire, qui est leur liberté, puisque aucune histoire, si sombre soit-elle, n'a jamais pu le leur enlever [1]. »

1962, le 25 septembre. L'été se prolonge et nous décidons de nous installer en terrasse de Carette. Le salon de thé est déjà célèbre depuis des décennies. Assise derrière son comptoir, Mme Carette surveille en personne la bonne marche de sa maison. Devant nous, en contrebas, le Trocadéro, le pont d'Iéna, le Champ-de-Mars sont noirs de monde. Joseph Kessel, perché au premier étage de la tour Eiffel, annonce à la foule l'arrivée imminente d'Édith Piaf. Un grand gala est organisé

1. R. Barthes, *La Tour Eiffel*, Centre national de la photographie, Delpire, 1964.

en face, au palais de Chaillot, pour la première mondiale du film *Le Jour le plus long*. La chanteuse s'avance timidement sur l'estrade, face au vide. On peut apercevoir sa silhouette à présent, fragile, menue, légèrement recroquevillée, tout de noir vêtue. On dirait qu'elle a le vertige, elle s'agrippe à la barre qui court derrière elle. Puis elle se met à chanter. Et s'arrête après deux ou trois chansons. Ce sera le dernier concert d'Édith Piaf. Elle mourra un an plus tard.

Et toujours ce sentiment étrange : autour de nous, le monde se simplifie de plus en plus, *perd de la data*, diminue en quantité d'informations : en 1962, le volume de l'infosphère est de 1,2 exabyte (un chiffre qui évolue lentement dans la mesure où il représente la totalité des informations stockées sur papier : livres, imprimés, etc.) mais ne contient plus que 0,15 exabyte d'informations nouvelles.

Nous replongeons dans la brume du passé. Vers les années cinquante, ses longues voitures décapotables, ses filles aux robes de couleurs vives. Première sortie en 1959. C'est l'été, une belle journée de juin. L'air nous semble tellement plus pur, plus respirable qu'en 2009. Ce jour-là, la tour fête son trente-cinq millionième visiteur : un petit garçon de dix ans et demi à qui René Le Grain-Eiffel, petit-fils de Gustave Eiffel, remet les clefs d'une Simca P60. Mais personne dans la famille ne sait conduire. La guérite est vide à cet instant. Dans l'ombre, sur la droite, nous pouvons apercevoir la télévision : à la place du petit écran plat de 2009, un énorme meuble encastré. L'écran affiche des images assez floues en noir et blanc. Le son est mauvais. Un rapide calcul nous amène à conclure que l'information nécessaire pour décrire ce poste de 1959 représente à peine une fraction de celle qui permet de décrire une télévision à écran plat de 2009. Cette antique machine ne dispose que d'une seule chaîne noir et blanc, n'est pas équipée de télécommande, de WiFi, d'infrarouge ou de Bluetooth, elle ne permet aucun réglage (sauf le son, le contraste et la luminosité de l'image) et ne comporte aucune mémoire. Ne disposant ni d'un disque dur, ni d'un microprocesseur, elle ne permet pas non plus d'accéder à Internet. Tournant le dos à cet engin qui représente alors le sommet de la modernité, nous nous préparons à repartir lorsque la marchande de journaux s'avance en souriant dans notre direction. C'est une jeune femme à présent. Ce jour-là, son foulard est noué autour de ses cheveux blond foncé. Elle porte une robe rouge à pois blancs, serrée à la taille par une large ceinture. Malgré ses talons hauts, elle marche vite, et nous propose *France-Soir* pour seulement 20 francs. À son poignet, une montre « Electronic » de Lip. Une montre qui n'aurait pu exister sans que Joseph Thomson et Hendrik Lorentz aient découvert l'électron. Dans la chaleur de cet après-midi, une fine couche de sueur perle sur son front hâlé. Sa respiration est profonde. Un étrange silence prend tous les bruits. Nous la regardons longuement, comme une relique. Nous retrouvons la même couleur bleu très clair posée sur ses yeux presque transparents. Pourquoi deviendra-t-elle un jour une ombre traînante, saccadée, épuisante à regarder au bout de sa canne ? Est-ce parce que le temps convertit de l'énergie physique en souvenir et en information non physique ? À cet instant, elle fronce légèrement les sourcils. Elle s'est aperçue que notre regard est resté un peu trop longtemps sur elle. Qu'il y a eu trop de silence entre nous.

– Tenez ! dit-elle très vite. Je vous l'offre !

Puis elle disparaît dans l'ombre du pilier nord. Longtemps nous restons là, dans les bruits qui, l'un après l'autre, reviennent agiter cette fin d'après-midi. Sous notre bras, *France-Soir* porte ces titres : « FERHAT ABBAS ET LE FLN – 500 M DE TUNNEL CREUSÉS SOUS LE MONT BLANC – SOLDATS ET HÉLICOPTÈRE RECHERCHENT MARIE-JOSÉ ENLEVÉE PAR LES FELLAGHAS – ORSON WELLES À PARIS – LE CARDINAL GRENTE EST MORT – DE GAULLE A ORLÉANS – LA FRANCE VA CONSTRUIRE UN MOTEUR ATOMIQUE POUR SOUS-MARIN. »

Quelques années plus tôt, en avril 1953, des camions vont et viennent entre la tour et les berges de la Seine. Des baraques en bois sont construites derrière les piliers pour accueillir les ouvriers d'un vaste chantier. On est en train de déposer de la terre fraîche pour y semer des massifs de fleurs. Nous restons derrière les écriteaux « Défense d'entrer » plantés tous les dix mètres entre les piliers de la tour. Un ouvrier nous observe entre deux pelletées versées devant la lame d'un bulldozer. La chemise largement ouverte sur sa poitrine en sueur, il laisse le chantier entrer en lui, l'inonder de lumière et d'odeurs d'huiles chaudes.

Juste avant de repartir, un œil encore sur l'ouvrier au travail, nous nous souvenons que cette année-là, le 25 avril 1953, deux jeunes étudiants, le biologiste James Watson, 23 ans, et le physicien Francis Crick, 35 ans, ont publié dans la revue scientifique *Nature* un article au titre assez austère : « A Structure for Desoxyribose Nucleic Acid ». L'article tout entier tient seulement sur une page. Un espace bien modeste eu égard à ce qui allait représenter l'une des plus importantes découvertes de tous les temps : celle de la structure de l'ADN, la fameuse molécule de l'hérédité, qui vaudra à Crick et Watson de recevoir, des années plus tard, le prix Nobel de médecine. Et tout à coup, cette pensée nous vient : est-ce que l'information découverte par Crick et Watson à l'origine du vivant a quelque chose à voir avec celle qui pourrait exister à l'origine de l'Univers tout entier ? Ne pourrait-on supposer que, de même qu'il existe un « code génétique » à l'origine du développement ordonné d'un organisme vivant, il pourrait exister un « code cosmologique » à l'origine du développement ordonné de l'Univers ?

1951. Nous émergeons à l'automne, un 21 novembre. Il pleut à verse. Dans les parages de la tour, nous remarquons une grande agitation sous les parapluies noirs : des cortèges officiels de voitures luisantes circulent en tous sens. Ces « automobiles » (comme on les appelle à l'époque) ont encore perdu de la complexité. Les Frégate, les Dyna Panhard, les Simca 5, sont équipées d'amortisseurs à ressorts et de freins à tambours. Des bougies en céramique sont simplement vissées en tête des cylindres pour l'allumage. Aucune distribution électronique : c'est un simple delco mécanique qui délivre l'impulsion électrique dans les cylindres. Ces engins bruyants se frayent difficilement un chemin dans la foule. La princesse Margaret, sœur de la future reine d'Angleterre Élisabeth II, visite en grande pompe la tour Eiffel.

Nous cherchons refuge contre la pluie chez Carette. Les serveuses portent comme de coutume un tablier blanc, les tables sont déjà en marbre gris et les miroirs n'ont pas changé depuis la création de la maison. La jeune Mme Carette est déjà gardienne de la tradition : elle fait en sorte que les macarons, les gâteaux normands, les babas à la crème et les tartes soient servis sans retard. Détail frappant : on fume des Gauloises brunes à presque toutes les tables. Jetant un coup d'œil alentour de peur d'être vus, nous sortons avec précaution notre iPhone de notre poche. Sa simple présence au creux de notre main nous rassure. Un glissement de doigt, et voilà que la merveille technologique, inimaginable en 1952, s'illumine.

L'écran brille de toutes ses icônes multicolores. Mais le téléphone, bien sûr, ne fonctionne pas. À cette époque, il n'existe aucun relais pour servir le signal. Quant à l'icône du WiFi, elle est simplement « grisée », comme s'il suffisait de nous déplacer de quelques mètres pour l'intercepter. Un autre détail attire notre attention : la batterie commence à faiblir. Mais en 1951, impossible de brancher notre chargeur à la prise électrique qui se trouve au pied de la table : le courant est en 110 volts. La plupart des systèmes électriques de 2009 ne pourraient fonctionner.

1950. L'infosphère atteint à peine le volume de 1 exabyte d'informations stockées sur papier (et seulement 0,2 exabyte d'informations nouvelles). À présent, les hommes portent presque tous des chapeaux. Les robes des femmes ont perdu de leurs couleurs, tout comme les voitures, presque toutes grises ou noires désormais. De gros camions à benne libre, des Berliet, commencent à circuler sur le pont d'Iéna. Le nombre de visiteurs de la tour dépasse à peine le million. Il fait gris mais il y a une brise douce. Une odeur d'herbe coupée flotte dans l'air. La guérite du gardien est toujours la même. Mais à l'intérieur, on voit maintenant un vieil homme barbu aux cheveux clairsemés, coiffé d'une casquette à visière. À la place de la télévision, il y a désormais un poste de radio qui crachote à plat une chanson d'Yvonne Printemps. Quel est le niveau d'information de cette TSF « Pathé » ? Vertige de l'aventure technologique : l'« intelligence incorporée » de cette machine est incroyablement plus faible que celle de la télévision à écran plat qui lui succédera en 2009. Une chaise vide est posée devant la guérite. Sur la droite, un groupe serré de touristes attend de monter vers le premier étage par l'escalier de fer. Nous restons plus d'une heure à faire les cent pas au pied de la tour.

Mais ce jour-là, notre marchande de journaux ne viendra pas.

1949. Une légère brume de printemps glisse des nuages et accroche le sommet de la tour. Nous apercevons notre « demoiselle journaux » au moment même où elle s'engouffre dans une traction avant noire. L'instant suivant, elle disparaît. Où va-t-elle ? Qui conduit la voiture ? En contrebas, dans l'allée qui mène à l'escalier, un gardien entre deux âges fait tourner son sifflet autour de ses doigts. De son petit bureau flanqué au pied de la tour, il surveille la file qui se presse vers l'escalier. Depuis le matin, il écoute inlassablement la BBC sur son poste Pathé tout neuf. Soudain, le son aigre de la radio module des phrases qui nous semblent familières : on entend clairement le terme « Big Bang ». Le mot vient d'être lâché pour la première fois, en direct ! Il est un peu plus de 11 heures et nous sommes le 29 mars. L'Anglais qui répète à plusieurs reprises ce terme étrange de « Big Bang » s'appelle Fred Hoyle. Il est astronome à l'université de Cambridge. Son but, ce jour-là ? Tout simplement tourner en dérision l'idée absurde, selon lui, d'expansion universelle. Car Hoyle en était convaincu : l'Univers n'avait pas pu jaillir de rien, « comme une pin-up d'un gâteau », se plaisait-il à dire en riant. Pourtant, même s'il n'y croyait pas, le mot « Big Bang » prononcé par Hoyle, ce jour-là, deviendrait célèbre dans le monde entier.

1948. Jour de soleil. L'air est d'une pureté extrême. Délicieux comme une tasse de thé. Les voitures sont de moins en moins nombreuses. Nous n'avons vu passer sur la place que deux tractions avant de couleur noire. Privée de synchro, leur boîte de vitesses craque au moment du changement d'allure. Des choses qui nous paraissent aujourd'hui impensables commencent à se produire, conséquences du remaniement des codes.

Par exemple, le jour de notre bref passage, le plus vieil éléphant du monde (85 ans) grimpe sous nos yeux, une patte après l'autre, jusqu'au premier étage de la tour. C'est aussi l'année de publication du fameux article « Alpha, Bêta, Gamma » où Alpher, Bethe et Gamow font, pour la première fois, la stupéfiante prédiction du « Big Bang » : selon eux, tous les éléments de l'Univers ont dû être formés durant les trois premières minutes de son existence, au cours d'une fantastique explosion originelle. Une déflagration cosmique qui aurait donné naissance à tout ce qui existe, il y a quinze milliards d'années. Pure folie ?

Tout à coup, une pile de *France-Soir* sous le bras, vêtue d'une robe blanche à volants, elle s'approche du pilier sud. Nous traversons le terre-plein pour la rattraper. C'est maintenant une jeune fille. Ses jambes sont recouvertes d'une paire de « bas nylon », inventés quelques années auparavant. Elle marche si vite que nous devons presque courir pour la croiser avant qu'elle ne disparaisse derrière le grillage. Vaguement surprise, elle s'arrête à notre hauteur. Elle n'a aucun souvenir de l'avenir et ne nous connaît pas. Pour dissiper son trouble, nous lui demandons simplement si elle a encore le journal de la veille. Pendant qu'elle cherche dans la sacoche de cuir qu'elle porte en bandoulière, nous regardons son visage. Deux peignes en nacre retiennent ses cheveux de part et d'autre de son front lisse, légèrement bombé. Ses yeux pâles jettent des éclairs brefs au fond du sac. Puis elle relève la tête. Des traces de rouge à lèvres colorent son sourire : coquetterie matinale qui nous indique qu'elle veut faire *femme*. À mesure qu'elle s'éloigne vers le pilier sud, nous nous demandons si nous la reverrons un jour.

1945. Nous sommes le 8 août, vers 10 heures du matin. Un grondement monte vers nous, à peine perceptible mais qui tient toute la place, dans les profondeurs du nuage. Une nuée blanche remue jusqu'au sommet, presque vivante, coulant une ombre violette à l'horizon, là où le ciel s'appuie à la terre. Paris n'est plus occupé par les Allemands mais on sent encore la guerre. Une simple baraque en bois se tient maintenant au pied du pilier nord de la tour. Des objets de toutes sortes sont vendus, pêle-mêle, dans ce comptoir. Une femme maigre range des piles de journaux à l'intérieur de la baraque. Elle est aidée par une adolescente qui lui ressemble beaucoup. Probablement sa fille. Nous la reconnaissons tout de suite. Des restes d'enfance passent encore par instants sur son joli visage encadré de longs cheveux blonds. En déposant une lourde pile de journaux sur l'abattant, elle lève la tête. Sans ciller, elle nous fixe de ses yeux clairs et semble se demander qui nous sommes. Vertige du temps à venir. Des rencontres qui ont existé sans encore avoir eu lieu : est-ce cela, le temps imaginaire ? À cet instant, le kiosque à journaux est pris d'assaut par une poignée de clients. Nous achetons *Le Monde* et *Combat*. La jeune adolescente nous les donne avec un sourire qui semble différent d'une simple expression commerciale. Deux articles attirent notre attention. Le titre en une du *Monde* est d'une naïveté insensée : « Une révolution scientifique. Les Américains lancent leur première bombe atomique sur le Japon [1]. » Nous regardons autour de nous. Les promeneurs vont et viennent comme si de rien n'était. Deux jours après l'horreur d'Hiroshima, l'opinion publique n'a pas du tout pris

1. Publié le mercredi 8 août 1945, ce titre dont l'écrivain André Malraux répétait qu'il représentait « la honte du *Monde* » sera vivement discuté et contesté quelques mois plus tard par certains intellectuels lors du remplacement de la SDN par l'ONU.

la mesure de ce qui s'est réellement passé au Japon : l'explosion de la première bombe atomique n'est interprétée par le premier quotidien français que sous la forme d'une « révolution scientifique ». Seuls quelques rares esprits lucides comprendront la portée de cet événement. Il nous faudra chercher parmi les dizaines de journaux laudateurs de la fameuse « expérience scientifique réussie » avant de trouver l'article que l'écrivain Albert Camus a publié, ce même jour, dans les pages du quotidien *Combat* : « Le monde est ce qu'il est, c'est-à-dire peu de chose. C'est ce que chacun sait depuis hier grâce au formidable concert que la radio, les journaux et les agences d'information viennent de déclencher au sujet de la bombe atomique. On nous apprend, en effet, au milieu d'une foule de commentaires enthousiastes, que n'importe quelle ville d'importance moyenne peut être totalement rasée par une bombe de la grosseur d'un ballon de football. Des journaux américains, anglais et français se répandent en dissertations élégantes sur l'avenir, le passé, les inventeurs, le coût, la vocation pacifique et les effets guerriers, les conséquences politiques et même le caractère indépendant de la bombe atomique. Il est permis de penser qu'il y a quelque indécence à célébrer une découverte qui se met d'abord au service de la plus formidable rage de destruction dont l'homme ait fait preuve depuis des siècles [1]. »

Avant de reprendre notre voyage, une pensée nous vient : que se serait-il passé si Einstein avait décidé de demeurer à Berne, en Suisse, pour y poursuivre une carrière de modeste ingénieur à l'Office fédéral des brevets ?

---

1. Albert Camus, *Combat*, 8 août 1945.

Cette fois, le changement nous frappe de plein fouet. Janvier 1943 : la tour est désormais occupée par les troupes allemandes de la Wehrmacht. Partout sur le Champ-de-Mars, il y a maintenant des soldats dont les uniformes sanglés jettent d'inquiétants reflets sur l'ombre molle des chapeaux à voilette des femmes déjà vieilles. Années de métal où les chenilles des chars d'assaut défoncent le sol au pied de la tour. Celle-ci vient d'ailleurs d'échapper de justesse à un projet de destruction totale fomenté par Hitler en personne. De sinistres bannières flottent sur la façade du palais pour commémorer le dixième anniversaire de son accession au pouvoir : dix croix gammées, immenses. Le palais est devenu un cercueil de pierre. Deux officiers de la Wehrmacht nous croisent devant le kiosque à journaux. L'un d'eux nous regarde, l'air soupçonneux. Il hésite un instant, secoue ses gants, avance d'un pas dans notre direction puis, pour une raison inconnue, fait lentement demi-tour avant de poursuivre sa route.

Nous sentons que nous l'avons échappé belle. Cet officier a-t-il pressenti que nous avions vu, utilisé des objets autrement plus performants que n'importe quel Parisien de l'époque : les cartes à puce, les smartphones, les ordinateurs, les vélos et scooters électriques, les avions-fusées, les stations spatiales, les GPS, les DVD et autres exploits technologiques : rien de tout cela n'existe ailleurs que dans notre esprit. Qu'auraient pu faire les soldats allemands d'un tel savoir ?

Un coup d'œil à notre jauge : le niveau global d'information a encore diminué de façon déconcertante. À présent, le monde est mille fois moins « informé » que celui des années quatre-vingt. Et cette raréfaction de la technologie commence à se faire vraiment sentir. Il n'y a pas encore de télévisions, de transistors, d'ordinateurs (à l'exception de

Colossus, le tout premier ordinateur du monde fondé sur le système binaire : un monstre de 2 400 tubes à vide qu'il faut refroidir avec de la glace). Les surgelés, les yaourts en série ou le lait en poudre n'existeront que bien plus tard. Quant aux montres ou aux réveils électriques, aux vaporisateurs de laque, aux lentilles de contact ou même des choses aussi simples que les enveloppes autocollantes, ces objets banals n'existent que dans les plans de certains inventeurs qui ont toutes les difficultés du monde à convaincre leur entourage de l'intérêt de leurs trouvailles. Et on ne peut manquer de se poser cette question naïve : le temps contient-il, quelque part en germe, dissimulées dans ses replis, les démons et merveilles du temps à venir ?

1939. Nous refaisons surface en été, juste avant la guerre. Le panorama est à nouveau paisible. En ce mois de juin, on fête le cinquantième anniversaire de la tour. Pour l'occasion, l'archevêque de Paris, Mgr Chaptal, célèbre une messe depuis le premier étage, en présence du duc et de la duchesse de Windsor. Ces hautes personnalités viennent d'être déposées au pied de la tour par une Delage D8, conduite extérieure. En nous rapprochant, nous apercevons une jeune fille entourée de gardes républicains : elle vient d'être élue Miss Tour Eiffel. Elle s'appelle Jacqueline Vialle. Elle a 19 ans et la vie devant elle. Qu'est-elle devenue ? Tout un roman.

Peut-être aurait-elle pu croiser Robert Oppenheimer qui, cet été-là, se trouve précisément à Paris pour participer à une conférence qui réunit une dizaine de savants à l'École normale. Il vient de publier un article des plus surprenants dans lequel il affirme : les effondrements des étoiles mourantes conduisent nécessairement à des « trous noirs ».

Sur le chemin de la baraque à journaux, nous croisons un petit groupe de collégiens qui font de la gymnastique collective : euphorie de groupe ? Avant-goût de la vie militaire ? Nous nous arrêtons devant le kiosque. La « patronne » est là, occupée à vendre. À quelques pas, sa fille essaie maladroitement de sauter à la corde. La vieille marchande de 2009 est là, devant nous : une petite fille simple, à nattes blondes et souliers plats à brides sur chaussettes blanches, tout juste en train d'apprendre à lire. Et tout à coup nous vient cette question : y a-t-il un rapport entre la complexité croissante d'un individu tout au long de sa vie (un bébé est moins « informé » qu'un adulte) et la complexité croissante de l'Univers (qui semble moins « informé » à l'instant du Big Bang que 13 milliards d'années plus tard) ?

1938. Nouvelle halte. En devanture de notre kiosque, nous remarquons la couverture de juin du journal *La Science de la vie* (l'ancêtre naïf de *Science et Vie*). La patronne nous le tend sans nous voir. En feuilletant le magazine, au-delà de la plupart des articles et photos qui nous semblent merveilleusement désuets, nous tombons sur un reportage consacré au « Cycle de Bethe » (du nom d'un physicien américain, Hans Bethe, qui recevra le prix Nobel en 1967). Or, au moment où il écrivait son article, le journaliste ne pouvait savoir que ce cycle explique les réactions de fusion au sein des étoiles, mais aussi dans les bombes à hydrogène. Le journaliste de 1938 ignore également qu'au début des années quarante, à la demande du président Roosevelt, Bethe deviendra responsable du groupe de théoriciens qui, avec Robert Oppenheimer, Enrico Fermi, Arthur Compton et d'autres, vont calculer, à Los Alamos, les données de la première bombe atomique américaine. Un demi-siècle plus tard, le savant, âgé de quatre-vingt-dix ans, apostropherait publiquement le président Clinton sur le thème des armes nucléaires : « Nous, les savants atomistes, nous disons : trop, c'est trop ! »

Nous nous éloignons de quelques pas vers l'esplanade. Nous avons du mal à croire que nous sommes en 1938 : tout paraît tellement normal. Pourtant, même les costumes portés par les passants de cette époque sont moins « intelligents », moins « informés », que ceux des années 2000. Leur fabrication n'implique aucune fibre synthétique (donc peu de chimie), aucune intervention électronique, aucun ordinateur. Entre la laine sur le dos du mouton et le pull porté par ces promeneurs, le processus de fabrication repose sur une technologie infiniment plus simple que celle de 2009. Dans ce monde-là, les « nouvelles » sont peu accessibles : l'homme qui vient de nous saluer, avec son costume croisé et son chapeau, a-t-il entendu parler d'Einstein ? ou d'Oppenheimer ? À une époque où Internet n'existe pas, sait-il qu'il vit dans un espace « courbe » ? ou que la notion de cinquième dimension (celle du temps imaginaire) est apparue pour la première fois en 1919, grâce aux recherches de deux physiciens alors inconnus, Theodor Kaluza et Oskar Klein ? Sait-il encore qu'Einstein lui-même va adopter avec enthousiasme cette proposition révolutionnaire ? En compagnie de Peter Bergmann, (un de ses collègues), il écrit en juillet 1938 dans *Annals of Mathematics* : « Nous devons donc prendre très au sérieux l'existence de la cinquième dimension, même si nous ne sommes pas confortés en cela par l'expérience [...]. Nous avons montré qu'il est possible d'assigner une réalité à la cinquième coordonnée sans entrer en contradiction avec les caractéristiques du continuum physique à quatre dimensions. »

Après avoir salué un dernier passant – on est très poli en 1938 –, nous reprenons notre voyage.

1936. Le palais de Chaillot a maintenant disparu. Il n'y a pas si longtemps, à l'occasion de l'Exposition internationale, les Républicains espagnols en pleine guerre civile y ont exposé pour la première fois en France *Guernica* de Picasso. Nous venons d'émerger face à un surprenant bâtiment hérissé de deux grandes tours : l'ancien palais du Trocadéro, construit pour l'Exposition universelle de 1878. Sur la flèche de la tour Eiffel, une publicité est apparue en lettres lumineuses : Citroën. Dans les rues, on ne parle que des congés payés et de la semaine de quarante heures. C'est l'œuvre du Front populaire, de Léon Blum et de Roger Salengro. On entend des gens fredonner : « Y'a d'la joie ! La tour Eiffel part en ballade / Comme une folle, elle saute la Seine à pieds joints… ». Sous le palais, des galeries souterraines dignes d'un Gaudi ont été creusées pour accueillir tout un monde sous-marin. Dans le gigantesque aquarium, plongé dans l'eau verte, le commandant Prieur se livre à une démonstration de son scaphandre autonome : engoncé dans son épaisse combinaison, le visage invisible derrière le hublot de son casque, il reste assis pendant des heures à faire des signes aux badauds qui sont venus admirer ses exploits.

Les rares véhicules qui passent devant nous sont des Citroën B14, des Peugeot 402, des Panhard « Panoramique » ou des Renault « Primaquatre ». Autant de modèles qui n'ont pas laissé de traces. La technologie sur laquelle reposent ces véhicules « régresse » de plus en plus : que dirions-nous s'il nous fallait faire démarrer notre voiture avec une manivelle ?

1934. Cette fois, nous débarquons un 24 février dans l'après-midi. Une forte odeur traîne dans l'air gris. La plupart des appartements sont chauffés avec des poêles à charbon et l'atmosphère est difficilement respirable. Chose étonnante : le long de la tour on a construit un thermomètre géant, le plus grand du monde (160 mètres). Le niveau de mercure est indiqué par des milliers de lampes rouges. Cet étrange appareil contraste furieusement avec les cabanes en pin que les ouvriers ont dressées à la hâte sous la tour : ils habiteront dans ces baraques sommaires jusqu'à ce qu'ils démontent le thermomètre géant.

Éloignons-nous de quelques mois. Surgissent alors sur le pont d'Iéna les premières voitures à cheval. Là encore, leur niveau d'information est colossalement plus faible que celui des voitures des années 2000 (même si le cheval, lui, est bien plus « informé » qu'un cheval-vapeur). Dans le ciel, un aéroplane de toile et de bois rase le musée de la Marine puis plonge en crachotant derrière la colline. Ce jour de juin 1933, Joséphine Baker prend la pose dans une vitrine du musée d'ethnographie du Trocadéro. Cette fois, la coqueluche du tout-Paris est habillée. Elle porte un tailleur blanc. C'est une idée de Georges-Henri Rivière qui fut son complice avant de devenir sous-directeur du musée. Cet ethnologue, qui voulait faire du musée « un loisir aussi populaire que le sport ou le cinéma », avait composé pour elle différents airs et participé à la création de la « Revue nègre ». Le gros rocher de Chaillot est toujours là, à la même place. Quant au nombre de visiteurs, il ne dépasse plus les 300 000 personnes par an.

Nous voici à présent en 1929. À l'image des gros nuages qui glissent dans un ciel bas, les visages des passants sont fermés. Clémenceau est mort et son vieil adversaire Poincaré a quitté la politique ; une page d'histoire s'est tournée. À présent, c'est la crise économique qui menace l'Europe… Cependant, à la gargote qui deviendra le café du Trocadéro, des visages s'éclairent : deux Parisiennes ne jurent plus que par les nouvelles robes de Jean Patou qui battent leurs mollets. À côté d'elles, indifférents à leurs charmes, deux étudiants exultent. Une tasse de café à la main, ils sont en train de commenter à voix forte la nouvelle du jour à leurs yeux la plus importante : les galaxies, ces immenses nuages qui rassemblent des milliards d'étoiles, semblent s'éloigner les unes des autres. Exactement comme des petits points à la surface d'un immense ballon qui gonflerait de plus en plus vite. Ils tentent même de partager leur enthousiasme avec une jolie serveuse qui leur sourit sans les écouter. Loin d'en connaître le détail, ils ont pourtant compris que cette découverte était sans doute l'une des plus importantes du XXe siècle. Son auteur ? Un astronome du nom de Edwin Hubble.

Ce matin de septembre 1927, l'été s'attarde, et nous nous asseyons à la terrasse du salon de thé ouvert par Jean Carette il y a seulement quelques mois. Devant nous, un marchand de glaces ambulant qui vend aussi des bonbons et du nougat. Il fait concurrence à une baraque où plus personne ne vient parce que tout y est devenu trop cher. Aucune voiture n'est passée ce matin-là sur la place. Le monde est d'une clarté surprenante : presque simple. Et la lumière est belle, rayonnante, *lumineuse*. On a envie de s'installer à cette époque. D'y vivre tranquillement, comme ces passants qui flânent dans le parfum léger du matin. Un air de Scott Joplin joué au piano (*Maple Leaf Rag*) nous vient par vagues d'une fenêtre ouverte.

Automne 1925. Après le microphone, la tour sert de banc d'essai aux balbutiements de la télévision en France. Puis quatre ans plus tôt survient cet événement qui nous étonne : le lancement de Radio-Tour-Eiffel, aujourd'hui bien connue des Parisiens. Se souvient-on que la première émission en direct a eu lieu le 6 février 1921 ? Sous le pilier nord, la jeune femme vient d'ouvrir son kiosque. Sur la droite, juste devant la porte en bois de couleur verte, il y a un grand landau noir. En nous approchant, nous apercevons un bébé dont la tête est couverte d'un bonnet rose. Une petite fille qui nous regarde sans nous voir de ses yeux très bleus. Entre deux journaux vendus, sa maman passe une main distraite sur le guidon du landau qui se balance alors en grinçant.

Nouvel arrêt en 1922. L'air est vague, le soleil plombé. Nous faisons quelques pas dans la toute jeune avenue qui vient de recevoir le nom « d'Eylau ». Un an auparavant, en effet, le Conseil a décidé que « le chemin partant du quai de Seine pour aboutir au chemin descendant de la halte de Maurecourt jusqu'au chemin de grande communication n° 55 portera sur toute sa longueur le nom d'avenue d'Eylau, englobant ainsi l'avenue d'Eylau actuelle et la rue du Général-Lepic, qui longe la propriété de Monsieur Naudin. Cette avenue aura sur tout son parcours une largeur de 10 mètres » (séance du 19 février 1921). Quelques semaines auparavant, le pilote René Tampier, installé à Boulogne, a posé son fameux aéroplane aux ailes pliantes tout près de l'avenue.

Ce matin du 3 avril, un coup de vent va défaire les derniers nuages. Sur l'esplanade, deux hommes en veste noire à col montant marchent dans notre direction. Comme la plupart des hommes de l'époque, ils portent la moustache. L'un d'eux nous aperçoit derrière une paire de lunettes en écaille. L'autre nous salue distraitement. Puis les deux hommes s'immobilisent face à la tour Eiffel. À sa chevelure hirsute, son sourire profond et pensif, nous reconnaissons alors Albert Einstein. Son ami le physicien Paul Langevin se tient à son côté, l'air un peu embarrassé. Les mains derrière le dos, Einstein admire le monument de fer. Portées par l'air frais de cette matinée, quelques phrases parviennent à nos oreilles :

– Sachez, maître, que je suis choqué de ce qui s'est passé. Je n'aurais jamais cru que...

Einstein l'interrompt brusquement d'un geste de la main.

– Ce n'est ni votre faute ni la dernière fois que ce genre d'incident est appelé à se produire. Vous savez comme moi que les idées nouvelles ont souvent du mal à s'imposer.

Puis les deux hommes accélèrent le pas vers la tour. À quoi faisaient-ils allusion ? Au fait que, quelques heures plus tôt, Einstein a été contraint d'annuler une conférence sur la relativité que Langevin avait programmée ce matin même à l'Académie des sciences. Motif : les académiciens ont menacé de quitter la salle si Einstein vient y exposer ses « idées folles qui n'ont ni queue ni tête et sont une véritable honte pour la science ».

Alors que Langevin et Einstein s'éloignent, nous montons vers la rue du Général-Lepic. Une vieille femme s'agite derrière sa fenêtre ouverte en grand sur la rue. De là où nous sommes, il est possible de voir chaque détail de la cuisine. Une bouilloire cabossée danse sur un fourneau couvert de suie. Quelques torchons tenus par des pinces à linge en bois sèchent sur une corde. Au-dessus de la cheminée, un poste de radio crache les nouvelles du jour. Le speaker vient d'annoncer qu'un Russe du nom d'Alexander Friedmann aurait réussi une ascension de plus de vingt mille pieds en ballon. À coup sûr, la vieille femme ignore que cet « intrépide aéronaute » est aussi un savant à la fois méticuleux et incroyablement imaginatif. Friedmann vient en effet de publier ses recherches dans un livre. Elle aurait probablement haussé les épaules d'indifférence si on lui avait dit que pour ce savant le cosmos avait eu un commencement, plus de dix mille millions d'années dans le passé [1]. Tout à coup, la porte du fond s'ouvre et laisse entrer quelqu'un que nous connaissons : la marchande du kiosque à journaux. Sa silhouette nous montre qu'elle attend un enfant. La jeune femme ne sait pas encore qu'elle aura une fille. Pour l'heure, la future maman embrasse rapidement sa mère en embuscade derrière ses fourneaux avant de disparaître par l'une des portes de la cuisine.

Nouveau saut d'un an en arrière. La vieille cuisinière est toujours là, qui se disperse en gestes inutiles derrière ses casseroles en cuivre. Elle hausserait encore une fois les épaules si nous lui apprenions que cette année-là, en 1921, Einstein vient d'être distingué par le prix Nobel de physique. Qu'en aurait-elle à faire ? Quelle importance, à ses yeux, d'apprendre que le comité Nobel n'osa pas récompenser le grand savant pour ses travaux sur la relativité mais pour ses recherches sur l'effet photoélectrique ? La vieille cuisinière s'émouvrait-elle de cette manière un peu hypocrite de masquer le génie derrière des recherches « normales » ? Effet photoélectrique ou pas, elle penserait sans doute que les travaux de cet Einstein ne feront sûrement pas bouillir plus vite ses marmites.

Brève halte en octobre 1915. Les passants sont rares. Mobilisés par la guerre, la plupart des hommes en âge de servir ont été envoyés sur le front. La baraque à journaux du pilier nord est tenue ce matin par la vieille

1. A. Friedmann, « Über die Krümmung des Raumes », *Zeitschrift für Physik*, 10 (1), 1922, p. 377-386.

cuisinière de la rue d'Eylau qui nous regarde, perplexe. Un coup de vent acide soulève les pages de *L'Illustration* : nous avons le temps d'y apercevoir une photographie d'Einstein avec ce titre : « La relativité générale est née ». Le grand savant vient en effet de mettre un point final à sa théorie de la gravitation qui décrit un Univers courbé dans l'espace-temps. Un alambic distille un mauvais vin pour en tirer de l'eau-de-vie. Aux cris réguliers de « Eau-de-Vie ! Eau-de-Vie ! », le bouilleur de cru tente de rameuter la clientèle rare de cet automne de guerre.

Notre traversée s'accélère. Nous voici à la Belle Époque, avec ses stupéfiants engins à bielles crachant vapeurs et fumées. Les robes ont recouvert les jambes des dames jusqu'aux pieds, tandis que chapeaux melon et hauts de formes ont fait leur apparition au-dessus des redingotes et des cols cassés. Dans cette période insouciante, il n'existe plus que quelques centaines de millions de livres publiés dans le monde : l'infosphère est incroyablement plus petite que celle de 2009. Où sont les avions dont on ne voit plus le sillage blanc dans le ciel ?

1909. Nous venons d'apprendre que Blériot a réussi à traverser la Manche à bord de son aéroplane. Et dire que quelques années avant, en 1895, le physicien Lord Kelvin (William Thomson), savant mondialement connu, a déclaré : *Heavier-than-air flying machines are impossible !* (« Les engins volants plus lourds que l'air sont impossibles ! »)

1905. En face de notre rocher, les poutrelles de la tour Eiffel nous semblent maintenant noires de poussière. Sous le pilier nord, dernier lieu où nous étions certains de croiser des visages familiers, le kiosque à journaux a disparu. Un étrange sentiment de solitude nous saisit. Nous émergeons au moment même où Einstein publie ses premiers papiers sur la relativité restreinte.

En réponse aux articles de Lorentz et Poincaré (« De l'électrodynamique des corps en mouvement »), Einstein généralise le principe de relativité de Galilée selon lequel tout mouvement uniforme est relatif : il n'existe pas de référentiel privilégié permettant de définir un état de repos absolu. La nouvelle théorie d'Einstein repose également sur le principe selon lequel la vitesse de la lumière est identique pour tout observateur inertiel, quelle que soit la quantité de mouvement de la source. C'est le début de la longue aventure de la relativité, mais à l'époque des guêtres et des hauts-de-forme, personne n'en parle.

1903. Une odeur de pain chaud flotte dans la rue des Frères-Perrier. La boulangerie a été ouverte à l'emplacement du bâtiment de la pompe à feu de Chaillot, la première de Paris, que les frères Perrier ont installée pour alimenter les habitants en eau potable. « Augustine » (c'est ainsi qu'on l'appelait) fut mise en service en 1781, avec un débit journalier de 4 300 m^3 : deux machines à vapeur (l'une aspirante, l'autre refoulante) pompaient l'eau de la Seine et l'acheminaient jusqu'à un réservoir situé sur la colline. Puis des tuyaux de fonte la distribuaient dans un large périmètre. Le boulanger se souvient que, du temps de son père, la rue s'appelait « rue du Colonel-Villebois-Mareuil ». Rebaptisée depuis rue de la Pompe.

1901. Nouvelle halte en automne, dans l'après-midi du 19 octobre. Nous apercevons un fantastique équipage aérien : l'énorme ballon dirigeable du célèbre pilote Santos-Dumont. Pour la première fois, il vient de faire le tour complet du monument en moins d'une demi-heure avant de s'abattre lourdement sur le toit de la raffinerie Delessert qui fut inaugurée en 1799 par

Napoléon. L'équipage sortira indemne de l'accident. Quelques semaines plus tard, une petite fille de onze ans a pris place à son tour dans l'impressionnant ballon pour survoler le Champ-de-Mars. Cette fillette aux yeux bleus, émerveillée par le spectacle, s'appelait Berthie de Kolovrat Krakovska. Qui donc, dans les brumes de ce passé lointain, aurait pu savoir qu'elle deviendrait un jour notre grand-mère ?

1900. Notre arrivée est accueillie par un coup de canon assourdissant. Décidément, le monde devient de plus en plus insolite. Désormais, tous les jours à midi, un énorme coup de canon sera tiré depuis la tour afin de permettre aux Parisiens de régler leur montre. Les horloges remplacées par des canons. À mesure que l'information du monde diminue, le nombre de visiteurs baisse. À présent, il ne dépasse guère les 100 000 par an.

Aujourd'hui, le Champ-de-Mars est pris d'assaut par la foule, à perte de vue. C'est l'ouverture de l'Exposition universelle. Réquisitionné pour l'événement, le pont d'Iéna a été élargi par deux colossales extensions d'acier. Il faut dire que les exploits, les merveilles technologiques, s'accumulent. Nous mettons ainsi le pied sur le « trottoir de l'avenir », un gigantesque tapis roulant à deux vitesses qui relie le quai d'Orsay au Champ-de-Mars. Mais quel Parisien de 2009 se souvient encore de cette étonnante machine ? Seules subsisteront quelques images tremblantes filmées, à l'époque, par Méliès ou les frères Lumière. Au hasard de notre promenade, nous croisons Thomas Edison, le génial pionnier du téléphone, du phonographe ou de l'ampoule électrique. Il nous dévisage avec un intérêt tout particulier : lui, le fondateur de General Electric, aurait-il à cet instant le sentiment obscur, sans pouvoir se l'expliquer, que nous venons de l'avenir ? d'un monde auquel il rêvait à chaque instant sans disposer alors de la technologie qui lui aurait permis de le construire ? Il serre un livre scientifique entre ses mains. L'information que contient celui-ci représente seulement une quantité partielle de l'information disponible vingt ans plus tard : il a beau être « à la pointe » de son temps, il ne peut faire aucune allusion à la relativité, à la mécanique quantique ou aux trous noirs.

Par curiosité, nous remontons vers l'avenue d'Eylau (qui, en cette année 1900, s'appelle encore la rue du Général-Lepic) : nous voulons savoir si notre amie, la vieille dame de l'avenue, est déjà là. Comme toujours, la fenêtre qui donne sur la rue, au rez-de-chaussée, est grande ouverte au-dessus d'une bicyclette dont le guidon est appuyé sur un volet. La cuisinière est au travail derrière son fourneau à charbon. Nous la reconnaissons tout de suite. Elle a 22 ans de moins mais elle paraît aussi vieille qu'en 1922. Avec un fort accent parisien, elle demande à sa fille (une jolie fillette aux cheveux châtains) de lui rapporter une botte de poireaux. Son long tablier noué à plat dans le dos, un fichu noir sur ses cheveux sans couleur, elle prépare un riz graisseux. La vieille cuisinière chantonne sans nous voir. Le dernier événement de cette fin d'année 1900 tient dans la découverte d'un certain Max Planck qui a présenté sa théorie du « rayonnement du corps noir » devant la Société de physique de Berlin. Sans doute se mettrait-elle franchement en colère si nous insistions pour lui dire à quel point la théorie des quanta deviendra capitale. Mieux vaut la laisser à son frichti. En remontant vers le Trocadéro, nous entendons de loin le souffle des chevaux. Leurs sabots grattent les pavés. La place est l'un des relais de la Compagnie générale des omnibus qui exploite 350 tramways hippomobiles. À l'arrière d'une des voitures, on peut lire sur un panneau de bois, inscrit en grandes lettres de couleur : « Eau de Seltz ».

Juin 1888. Devant nous, une vision étonnante : la tour Eiffel n'est plus complète, comme si on lui avait arraché le troisième étage. Les poutrelles déchirent le ciel à une centaine de mètres de haut et le deuxième étage n'est pas encore construit (le monument ne sera achevé et inauguré par Eiffel qu'en 1889). Voici ce qu'écrit, à l'époque, le journaliste Émile Goudeau en visitant le chantier : « Une épaisse fumée de goudron et de houille prenait à la gorge, tandis qu'un bruit de ferraille rugissant sous le marteau nous assourdissait. On boulonnait encore par là ; des ouvriers, perchés sur une assise de quelques centimètres, frappaient à tour de rôle de leurs massues en fer sur les boulons [en réalité des rivets] ; on eût dit des forgerons tranquillement occupés à rythmer des mesures sur une enclume, dans quelque forge de village ; seulement ceux-ci ne tapaient point de haut en bas, verticalement, mais horizontalement, et comme à chaque coup des étincelles partaient en gerbes, ces hommes noirs, grandis par la perspective du plein ciel, avaient l'air de faucher des éclairs dans les nuées. »

Des tas de ferraille, des chariots, d'énormes chaînes, des grues, des palans, des travées de rails, des outils de toutes sortes jonchent le sol en tous sens. Les ouvriers nous interdisent de nous approcher davantage. Dans le sable qui alimente l'énorme chantier, nous apercevons tout à coup la coquille d'un escargot de mer : ce coquillage contient et « documente » toutes les étapes antérieures de sa formation et témoigne de son évolution dans le temps. Nous déposons le coquillage au creux de notre main : il contient la mémoire de sa propre histoire. D'une spirale à l'autre, on voit qu'il « s'informe » de plus en plus au cours du temps.

Encore trois années en arrière, et cette fois, l'emplacement est vide : la tour a disparu. Le Champ-de-Mars est un grand pré semé de bosquets. Il n'y a plus une seule automobile : seuls quelques attelages circulent en grinçant sur le pont d'Iéna. À mesure que nous remontons le temps, nous assistons à la transformation progressive du panorama : les immeubles deviennent de plus en plus rares, alors qu'au contraire la végétation, les arbres, les haies, ou les arbustes, s'étendent jusqu'à recouvrir bientôt les abords de la colline de Chaillot. Mais où en est l'information dans ce monde-là ? De quelle taille est l'infosphère ? De combien de bits a-t-elle encore diminué ? Un petit groupe d'élèves fait cercle autour d'un professeur à moustache : il a décidé d'emmener sa classe à la campagne pour une leçon d'histoire naturelle. Il trace des symboles sur une ardoise avec une craie blanche. Nous songeons alors que ce banal morceau de craie est le lointain résidu du squelette d'un animal préhistorique remanié au cours des millions d'années par les mouvements géologiques avant de devenir l'un des éléments d'une falaise de craie. Plus tard, cette craie a été écrasée, moulue, préparée jusqu'à donner la tige que le professeur tient entre ses doigts pour transmettre des idées et des connaissances : pour accroître l'information du monde.

1879. Cette fois, nous sommes sur la place dite du Trocadéro. Plus de « rond-point de Sainte-Marie » ni de « place du Roi-de-Rome » ! Dans ses *Mémoires*, madame de Boigne raconte que « le duc d'Angoulême était impatienté de l'abus que l'on faisait du nom de Trocadéro, et qu'il s'opposa formellement au baptême ridicule de l'arc de triomphe de l'Étoile, auquel on voulait donner ce nom. » C'est étonnant le nombre d'hirondelles dans le ciel. Elles tournent et virevoltent à la recherche d'insectes. Au centre de la place, un petit square avec kiosque à musique a remplacé un bassin dont l'eau stagnante incommodait les promeneurs.

1878. Le palais du Trocadéro vient d'être construit pour l'Exposition universelle. Nous nous frayons un chemin dans la foule qui admire l'édifice. Au sommet du dôme central, on aperçoit la statue de la Renommée réalisée par Maurice Mercié. Le palais a été bâti sur l'emplacement occupé autrefois par les dépendances du monastère de la Visitation et du couvent de La-Haye-aux-Bonshommes. Ce notable en haut-de-forme a-t-il remarqué quelque chose ? Il nous fixe avec un peu trop d'insistance. Nous rejoignons vite les colonnades qui ouvrent sur le Champ-de-Mars. De ces hauteurs abstraites, le regard peut se poser très loin, se perdre dans l'horizon. Sensation de vide. L'École militaire est là, figée au milieu des bois, des prés, des champs. À l'emplacement de la future tour Eiffel, il y a un grand lac aux abords duquel les Parisiens viennent chercher un peu de fraîcheur. À côté de nous, appuyée sur la balustrade, une femme excessivement fardée contemple le panorama : fond de teint d'un ocre violent qui laisse l'oreille blanche. Elle nous observe, cachée derrière ses faux cils, elle hésite, semble sur le point de nous parler. Nous disparaissons avant de devoir lui répondre.

En 1841, une invention extraordinaire surgit de l'imagination de deux Français : Louis Breguet et Antoine Masson inventent la bobine d'induction. Comme ils le disent eux-mêmes : « Il s'agit d'un appareil qui met à profit le phénomène d'induction électromagnétique pour engendrer du courant alternatif de haute tension. » Masson faisait appel à cette fameuse bobine pour produire des décharges à travers les gaz raréfiés. On la retrouvera en 2009 dans la plupart des moteurs de nos automobiles.

Dans les années 1830, il devient de plus en plus difficile de reconnaître les lieux : l'ancien palais du Trocadéro n'existe plus. À sa place, il y a un étrange monument de style mauresque, flanqué de deux minarets hauts de soixante-dix mètres. Ces curieux bâtiments ont été édifiés sur une idée du roi Louis XVIII, en hommage à la victoire du duc d'Angoulême, son bon neveu, au fort du Trocadero, en Espagne.

Nous nous demandons soudain quelle serait la réaction des passants si nous franchissions le pont à bord d'un scooter. Que penseraient-ils si nous nous posions sur le grand champ, en face de l'École militaire, à bord d'un hélicoptère ? Où sont les immeubles du front de Seine ? Où est passé le périphérique ? Et les diablesses s'habilleront-elles un jour en Prada au lieu de porter ces curieuses crinolines ?

Ce jour-là, sur la colline de Chaillot, tout est calme. Désormais, l'information du monde (qui n'est pas encore entré dans l'ère industrielle) se réduit à quelques centaines de petabytes : l'infosphère est dix mille fois plus petite que celle des années 2000.

Avant de poursuivre notre voyage vers le passé lointain, reposons-nous encore un instant sur un objet qui nous est familier et qui nous rassure : le rocher de Chaillot. C'est l'une des seules choses sur lesquelles, jusqu'ici, le temps n'a pas encore eu prise.

3

DES FIGUIERS ROMAINS AU TROCADÉRO
(1793 au Ve av. J.-C.)

Nous voici au XVIIIe siècle, en 1793, quelques années seulement après la prise de la Bastille. Nous sommes accueillis par des cris de joie : un petit groupe de sans-culottes applaudit à gorge rauque au discours d'un commissaire de la République : la Grande rue devient rue Marat ! – hommage à « l'ami du peuple assassiné par les ennemis du peuple » le 13 juillet de cette même année. Mais la Restauration n'acceptera pas l'affront. Depuis, la rue Marat s'appelle rue de Passy.

Ce 21 novembre 1783, première surprise : un ballon à air chaud glisse mollement au-dessus des jardins de la Muette (qui deviendront, bien plus tard, une partie du 16e arrondissement). Deux aéronautes de haut lignage ont pris place à bord de cet étrange véhicule : Pilâtre de Rozier et le marquis d'Arlandes. Décorée de guirlandes, de pampres et de pavois, l'étrange machine inventée par Messieurs de Montgolfier monte avec lenteur vers la colline de Chaillot puis se laisse emporter vers l'ouest par une lame d'air bleu. Avant de disparaître, l'équipage poudré passe au-dessus du château de la Muette et de son immense parc, où l'on voit parfois se promener, au soleil tranquille de la campagne, la reine Marie-Antoinette et la marquise de Pompadour.

Une question nous vient : qu'est-il advenu de la famille qui habitera un jour rue du Général-Lepic ?

En lieu et place de la rue, un petit sentier serpente au milieu des broussailles et des bois. Deux ou trois chaumières à demi écroulées bordent le chemin qui mène vers la cour de la ferme Magu, déjà célèbre depuis longtemps pour la qualité de son lait. Nous entrons dans la cour où règne une odeur de fumier mêlée à la terre fraîchement retournée d'un petit champ qui descend en pente douce vers le sud. Deux vaches normandes à la robe blanc et roux ruminent à l'ombre d'un grand chêne. Elles fouettent régulièrement leur échine du bout de la queue pour chasser les dizaines de mouches qui virevoltent autour. Chaussée d'une paire de sabots, une jeune femme vient de sortir de l'ombre profonde de l'étable. Elle est vêtue d'une robe longue surmontée d'un tablier en toile grise. À mesure qu'elle s'approche, nous croyons distinguer un visage familier : elle ressemble étrangement à la jeune marchande de journaux. Serait-ce une aïeule de la famille qui habitera bien plus tard rue du Général-Lepic, à quelques centaines de mètres seulement de la ferme Magu ? Mêmes cheveux blonds, même front un peu bombé, mêmes yeux bleus très clairs. Chacun de ces traits sera repris, quelque deux siècles plus tard, sur le visage de la marchande de journaux. Avec un fort accent françois, la jeune femme nous fait comprendre que la traite n'aura lieu qu'après le coucher du soleil et qu'elle n'a pas encore de lait à nous vendre. Un souffle d'air incertain passe à cet instant dans les arbres où une petite construction attire notre regard. À mi-hauteur du gros chêne qui garde l'entrée du sentier, les habitants de la ferme ont construit une cabane à pigeons. Un oiseau vient de se poser sur la barre d'appui à l'avant de l'abri. Un petit rouleau de papier est attaché par une bague entre ses pattes. Sans nous prêter attention, la fermière attrape le pigeon et se saisit du morceau de papier qu'elle met dans sa poche : elle remettra ce message (peut-être une commande de lait ?) au maître des lieux, le seul à savoir lire. Quand répondra-t-il ? Dans ce monde-là, les pigeons voyageurs représentent le moyen de communication le plus rapide : ancêtres vivants de la lettre, du fax et d'Internet, ils transportent de l'information à tire-d'aile. En dehors de l'animal, la technologie qui permet ces transmissions repose sur une simple boîte en bois et une petite bague accrochée à l'une des pattes du pigeon. Combien de « bits » d'informations pour décrire un tel système ? Et combien pour décrire le réseau d'ordinateurs qui permet d'envoyer et de recevoir 200 milliards de courriels par jour en 2009 ? Après un dernier regard à la jeune femme qui se demande ce que nous attendons, nous finissons par partir. À la manière dont les vaches nous regardent fixement, leurs sabots enfoncés dans la boue qui encercle l'abreuvoir, nous avons la certitude que l'information de ce monde, son infosphère, a encore diminué.

Nouvelle halte sur la colline de Chaillot, en 1687. Nous nous asseyons dans un verger, juste au-dessus d'un champ qui descend par vagues jusqu'à la Seine. L'horizon est vaste, léger, presque irréel. Nous ramassons quelques pommes tombées à terre. Goût vif et sucré, chair ferme, parfumée : fruits d'un autre âge. Nous avons soudain la nostalgie d'un temps que nous n'avons pas connu. Des bâtiments aux toits d'un jaune un peu beige, poudreux, sont visibles entre les bois du futur Champ-de-Mars. Sur la gauche, à demi dissimulé derrière une haie d'aubépines, on aperçoit un vieux laboureur qui peine sur les mancherons de sa charrue. Une paire de bœufs attelés à un long timon tire lentement la charrue dont le soc en bois s'enfonce difficilement dans le sol avant de verser la terre fraîche et d'y ouvrir un sillon. Aidé de son bâton, un garçon malingre marche devant l'attelage et frappe de temps en temps de petits coups sur le joug pour guider la paire. Est-ce que ce laboureur sait que le poids de sa charrue, qu'il a tellement de mal à tenir droite, dépend d'une loi découverte par un savant anglais du nom d'Isaac Newton ? Il vient de publier le résultat de ses travaux dans un énorme ouvrage intitulé *Philosophiae Naturalis Principia Mathematica*, où il expose dans le détail sa théorie de l'« attraction universelle ». À l'instant où le laboureur s'arrête pour déplacer une grosse pierre levée par le soc, il ne sait pas que Newton vient d'écrire que tous les corps (y compris cette grosse pierre dans le sillon) s'attirent selon une force proportionnelle au produit de leur masse et inversement proportionnelle au carré de la distance qui les sépare. La connaissance de cette loi ne l'aurait probablement pas aidé à se sentir plus léger. En tout cas, quelques « bits » d'informations suffisent à décrire l'araire qu'il guide entre ses bras : combien en faut-il pour caractériser les charrues hydrauliques des années 2000 ? Combien de « bits » pour représenter la faux d'un moissonneur et combien pour décrire une moissonneuse-batteuse, monstre de technologie, d'automatique et d'électronique ?

À présent, le Champ-de-Mars a disparu, remplacé par la plaine de Grenelle, une campagne semée de broussailles entre lesquelles s'étendent des pâtures et des champs. À la place de l'École militaire s'épanouit un bosquet giboyeux où l'on va chasser lièvres et perdrix le dimanche. Et sur la colline de Chaillot ? On y trouve désormais (depuis 1651) un couvent, celui de la Visitation, lieu de prière et de retraite. En face, sur ce qui va devenir la place du Trocadéro avec ses fameux cafés, se dresse un petit groupe de maisons en pierres sèches. À l'angle d'un chemin de terre (la future avenue Kléber), une auberge où, le dimanche, La Fontaine vient composer des fables. Il lui arrive parfois de cheminer un peu plus loin, jusqu'au fond du bois, pour retrouver Boileau à la fameuse ferme Magu (au coin des futures rues Decamps et de Longchamp, juste à l'emplacement de l'actuelle place de Mexico), et y boire en sa compagnie « du bon lait frais de la campagne ». Ce soir, le village est vide. Les habitants ne sortent jamais à cette heure, les lieux sont mal famés. Depuis quelques années, la guilde des voleurs a élu domicile dans un cul de basse-fosse, près de l'église de Chaillot. Dès le coucher du soleil, on se cloître, de peur d'être détroussé par les coupe-jarrets, les escarpes et autres vide-goussets. D'un bon pas, nous franchissons la haie de lauriers qui protège la clairière.

En cette année 1618, loin de la terre de France, un certain Johannes Kepler parachève un travail commencé en 1609 par la publication de l'ouvrage *Astronomia Nova* dans lequel il a consigné deux de ses célèbres lois sur le mouvement et les orbites des planètes. Avec la troisième loi, découverte en cette année 1618, Kepler mettra un terme définitif à l'ancien modèle astronomique selon lequel le Soleil tournait autour de la Terre [1].

Comment décrire ce que nous ressentons à mesure que nous voyons le monde se transformer sous nos

1. Première loi : *Les planètes décrivent des trajectoires elliptiques dont le Soleil est un foyer.* Deuxième loi : *Le mouvement de chaque planète est tel que le segment de droite reliant le Soleil et la planète balaie des aires égales pendant des durées égales.* Troisième loi : *Pour toutes les planètes, le rapport entre le cube du demi-grand axe de la trajectoire et le carré de la période est le même – cette constante est indépendante de la masse de la planète.*

yeux ? Un éblouissement immobile. Un vertige fixe. Nous surgissons au pied d'une poterne. Des racines de lierre s'enroulent au chapiteau de la porte. Un pas de côté, et l'on peut voir d'énormes murailles dessiner la silhouette d'un palais de la Renaissance. Cette vision d'un mur fort en lieu et place du musée de Chaillot a quelque chose d'incroyable. D'où vient cet édifice ? Qui l'a fait bâtir ? Nous découvrirons plus tard que c'est Catherine de Médicis qui a fait construire une villa à hippodrome par Étienne Dupérac, laquelle deviendra le château de Chaillot. Quantité de personnages improbables y ont résidé et continuent de hanter les lieux. Mais en 2009, qui les voit ? Leur souvenir flotte en silence près des cafés du coin : Mme de Castille, Philippe de Commynes, le maréchal de Bassompierre, Henriette de France, veuve de Charles Ier d'Angleterre, Mlle de La Fayette, la sœur de Colbert, la duchesse de Nemours, Mlle de la Vallière… Tous sont venus goûter sur la colline l'ombre fraîche des figuiers par les longs après-midi d'été. Nous restons là, sans bouger. Longtemps. Un vol d'hirondelles glisse dans le ciel. Alors, sans nous retourner, nous plongeons à nouveau dans l'obscur couloir du temps.

Pour une fois, nous faisons halte bien après le coucher du soleil. Belle nuit claire, mince couche d'étoiles dans le ciel. D'un bon pas, pour éviter les voleurs et autres malandrins, nous marchons vers la ferme Magu. Le chêne qui garde le sentier est déjà là mais pas la cabane à pigeons. Elle sera « inventée » plus tard. La cour est éclairée par une lanterne accrochée à un arbre devant la maison. Une lune rousse vient de passer l'horizon pour éclairer le sommet des arbres et coucher leurs ombres bien à plat sur le sol. Qui vit dans cette ferme perdue en pleine campagne ? La même famille, peut-être, que celle de notre lointaine marchande de journaux. En cette année 1543, un astronome du nom de Nicolas Copernic publie enfin son ouvrage « savant » *De Revolutionibus Orbium Caelestium*, où il affirme, pour la première fois depuis le grec Aristarque de Samos, que la Terre et les autres planètes tournent bel et bien autour du Soleil.

Pour ne pas être vus des habitants de la ferme, nous traversons le bois qui mène vers ce qui sera un jour la place du Trocadéro. Au moment où les sous-bois deviennent trop touffus pour laisser passer la lumière de la lune, nous allumons notre iPhone qui éclaire alors faiblement notre route. Bientôt, nous atteignons l'endroit qui nous sert de point de repère. Nous nous préparons à replonger vers le passé, mais il faut faire vite, des ombres incertaines montent de la Seine dans notre direction. Des voleurs peut-être. À la lueur bleue de la lune, nous pouvons voir que notre rocher n'a pas bougé d'un millimètre. Pas plus que l'énigmatique entaille creusée sur sa face. Nul doute : elle n'est pas naturelle. Mais par qui a-t-elle été faite ?

Nous sommes au milieu d'une forêt profonde. L'air est vif. On a du mal à croire que c'est à la place de ces arbres noueux et de ces ronces que sera un jour édifiée la tour Eiffel. Derrière nous, à quelques centaines de mètres après la Seine, se dresse une colline escarpée, qui n'a pas encore de nom. Là aussi, une forêt épaisse a pris possession des lieux, à l'exception de trois petites fermes formant un hameau sur le plateau qui, bien plus tard, deviendra la place du Trocadéro. Sur la plaine du Champ-de-Mars, qui mène vers la ville lointaine de Paris enfermée derrière ses murailles, on ne rencontre plus que des blanchisseurs, des avitailleurs, des bouilleurs de cru, des chevillards, des rémouleurs ou des charcutiers. Les volayeux, les mastroquets, les panetiers ou les gargots vont et viennent, à grands cris, d'une maison à l'autre. Nous sommes à la fin du Moyen Âge, vers l'an 1400, et nous comprenons à peine le langage de l'époque : outre l'accent, la plupart des mots nous sont inconnus. Poussant un âne chargé de sacs, un meunier se dirige vers le grand moulin à vent construit sur le versant ouest de la colline de Chaillot : l'ancêtre des grandes minoteries entièrement automatisées et gérées par l'électronique. Quelques « bits » suffisent à représenter le moulin, sa structure, ses grandes ailes ou le bois dont il est construit.

Tout à coup, deux hommes en armes s'immobilisent à notre hauteur. Ils regardent vers la gauche, en direction de la Seine (non loin de l'ancienne demeure de Catherine de Médicis). Ils ne nous ont pas vus. Ils se dirigent vers une bâtisse à murs forts où sont commis de nombreux vols. C'est un atelier de basse lisse qui va devenir une manufacture de tapisseries (les célèbres « savonneries » du XVIIIe siècle) et enfin, aujourd'hui, le musée d'Art moderne. Et sur la droite ? Encore des bois, jusqu'au couvent des Minimes qui vient d'être construit face à la rivière (à l'angle de la future rue Alboni). Un peu plus loin, protégée par l'église Saint-Pierre-de-Chaillot, on tombe sur la fière demeure de Philippe de Commynes, seigneur de Chaillot et conseiller du roi Louis XI qui vient parfois lui rendre visite sur le chemin de la chasse. Plus loin encore, se dresse la seigneurie de Passy : une poignée de maisons paysannes flanquées d'un château fort en pierres sèches dont le dernier seigneur sera le sire de Boulainvilliers. Courue par les renards et les malandrins de tout poil, la forêt autour de Passy fait peur, et rares sont ceux qui osent s'y risquer la nuit venue.

La situation n'est guère plus enviable en plaine. D'un bout à l'autre, la forêt de Garnelles (devenue

Granelle puis Grenaille dans l'insondable ailleurs du temps) est déserte, hantée seulement par quelques brigands et par des hordes de loups hurlant à gueule ouverte avant de venir, la nuit tombée, s'abreuver à la Seine. Un jour lointain, Poilâne y bâtira sa boulangerie.

Nous reprenons notre course, de plus en plus folle. Bientôt, avant l'an mille, il n'y a plus que quelques cabanes en bois au cœur de l'immense forêt qui a tout envahi, même les chemins de terre du Champ-de-Mars. On vient à peine d'inventer le fer à cheval. Le cheval est d'ailleurs le moyen de transport le plus rapide. Les dernières fermes de Garnelles ont disparu. En revanche, sur la colline, de l'autre côté de la Seine, à l'entrée de ce qui va devenir la future avenue Kléber, subsiste encore le petit village de Chaillot. Le moulin à vent à disparu mais on compte sur la place une dizaine de fermes et une église, protégées par Philippe de Commynes, le seigneur de Chaillot. C'est lui qui donnera son nom à la colline, vers l'an 800. Qui se souvient encore de lui en 2009 ? Accrochées aux terres en pente, plusieurs toitures du hameau versent vers le couchant. Perchées sur les toits des appentis les plus bas, quelques poules rousses piquent les chaumes d'un bec tranquille en écartant leurs ailes, indifférentes à la journée qui s'agite autour d'elles ou aux petits cochons noirs qui, près des rigoles de terre, reniflent le sol en grognant. Nous croisons quelques habitants de l'époque qui échangent des paroles incompréhensibles. Ils sont vêtus d'une chemise en toile de bure et d'un scapulaire à capuchon. Comparés aux matériaux du XXIe siècle, ces vêtements sont tellement simples qu'on peut les réduire à une dizaine de « bits » d'informations : ils témoignent à eux seuls de la réduction continue des données sur lesquelles repose alors le monde. Au moment où il passe à notre hauteur, l'un de ces hommes se signe rapidement comme s'il tenait à conjurer quelque mauvais sort. Sur la droite, la façade d'une maison à colombages sur torchis, avec croisées de bois, est en partie masquée par un massif d'épines blanches. Un croissant de lune noire est suspendu à l'une des branches : le symbole des lieux maudits. Nous nous arrêtons un instant : la porte est barrée par le signe de la peste, la maison est habitée par une sorcière. On murmure qu'elle se nourrit des œufs de serpent qui sont enterrés au pied du figuier. On dit encore qu'elle sera la seule à survivre à la fin des temps qui approche. À la veille de l'an mille, hommes et femmes sont convaincus que le monde va s'éteindre.

Au VIe siècle, c'est un petit village du nom de Nijeon qui se dresse à l'emplacement du futur Trocadéro. Ce jour-là, des restes de fumée s'accrochent aux branches des arbres. Deux hommes attisent un feu sur la place. Un petit groupe de villageois se prépare à faire route vers l'occident. Quelques années plus tard, ils fonderont à quelques kilomètres d'ici le village d'Aulheuil (qui deviendra Auteuil). Un chien efflanqué lève tout à coup son museau vers nous, s'immobilise, une patte avant à demi repliée, et commence à grogner. L'un des hommes hésite avant de pointer un doigt incertain vers nous. Nous disparaissons dans les bois. Nous ne serons pas pris à contretemps.

Vers l'an 400, un vent sauvage souffle sur la bourgade qu'est Paris. Il fait particulièrement froid. Loin de là, en Italie, saint Augustin est en train de réfléchir sur le temps. Il affirme dans ses *Confessions* que l'ensemble des instants de l'Univers doit être, selon le point de vue de Dieu, « *omnia simul* » : l'ensemble des phénomènes de l'Univers est présent à la fois, simultané, sans succession, éternel. C'est frappant : cet homme de l'Antiquité tardive *voit* le temps imaginaire que décriront les physiciens du XXe siècle.

Reprenons notre voyage. À l'époque des Romains, il ne subsiste plus que quelques chaumières perdues çà et là, au fond de la petite clairière, future place du Trocadéro. En revanche, sur la pente ensoleillée, il y a des plants de vigne (qui donnent le fameux vin de Chaillot, très apprécié des Romains). À la demande pressante de Jules César, les champs de Grenelle sont maintenant plantés de figuiers. Paris n'existe plus. C'est alors Lutetia, avec ses palais et ses villas édifiés entre deux grandes voies parallèles qui, bien plus tard, deviendront la rue Saint-Jacques et le boulevard Saint-Michel. Partout ailleurs, sauf sur le mont de Mars (le Montmartre d'aujourd'hui), c'est la forêt profonde, où plus personne ne vient s'aventurer, à l'exception de rares chasseurs gaulois ou de soldats romains.

Et dans le reste de Lutèce ? Il nous faudrait des heures de marche, au milieu des bois, des ronces et de la broussaille, avant d'atteindre ce qui deviendra plus tard le « 5e arrondissement de Paris ». À l'époque, on voit déjà les choses en grand. Les rues sont larges d'au moins six mètres, elles sont bordées par des fossés, des caniveaux et des trottoirs. De part et d'autre de la voie s'élèvent des maisons. La plupart sont en terre, mais l'une d'elles est en pierre de taille : elle est même équipée du chauffage central. Les grandes dalles au sol sont surélevées afin de permettre la circulation d'air chaud sous l'ensemble de la maison. Le même système a été installé dans les murs.

C'est en 47 av. J.-C. que les légionnaires de Jules César vont incendier la fameuse bibliothèque d'Alexandrie : quelque 500 000 volumes disparaîtront en fumée. Ce triste épisode aura pour conséquence une chute soudaine du volume occupé par la « sphère d'informations » : en quelques instants, le monde perd 1 térabyte d'informations (10^{12} bytes). En comptant tous les manuscrits préservés sur la Terre à cette époque (y compris ceux des civilisations indienne et chinoise), on atteint à peine le chiffre de 12 térabytes.

Encore un saut de deux siècles dans le passé : Lutèce n'est alors qu'une cité modeste de bois et de chaume frileusement serrée sur l'île de la Cité. La population mondiale atteint tout juste les cent millions de personnes (avec près de dix millions de Gaulois en France, environ 10 % de la population mondiale, chiffre presque incroyable).

Du haut de notre colline qui surplombe la Seine, appuyés contre notre rocher, nous respirons profondément l'air chargé d'odeurs de bois et de marais. Le silence est partout. Seul un essaim d'abeilles bourdonne dans les couleurs verticales du soleil, comme un tourbillon vivant. Nous avançons de quelques pas. Ce silence est fait de mille bruits, il est remué par le crissement des sauterelles, le passage du vent, les grenouilles près de la Seine. Les yeux tournés vers le village lointain de Lutèce, sur la gauche, nous pensons à l'avenir. Aux milliers de rues, d'avenues, de bâtiments, d'immeubles, de maisons, de voitures, de bus, de vélomoteurs, qui recouvriront un jour ces collines et ces plaines aujourd'hui presque vides. En cette année 280 av. J.-C., un philosophe du nom d'Aristarque de Samos a terminé un ouvrage auquel il donne ce titre : *Sur les dimensions et les distances du Soleil et de la Lune*. Et un demi-siècle plus tard, Archimède lui-même écrira à propos de l'ouvrage d'Aristarque : « Vous n'êtes pas sans savoir que par l'univers, la plupart des Astronomes signifient une sphère ayant son centre au centre de la Terre [...]. Toutefois, Aristarque de Samos a publié certains écrits sur les hypothèses astronomiques. Les présuppositions qu'on trouve dans ses écrits suggèrent un univers beaucoup plus grand que celui mentionné plus haut. Il commence en fait avec l'hypothèse que les étoiles fixes et le Soleil sont immobiles. Quant à la terre, elle se déplace autour du soleil sur la circonférence d'un cercle ayant son centre dans le Soleil. »

Vers l'an 420 av. J.-C., nous débarquons à nouveau sur les lieux de la future rue du Général-Lepic. Nous sommes en plein bois. Un souffle glisse dans les plus hautes branches et quelques feuilles tombent sur le sol comme une pluie sèche. Dans l'air immobile, qui forme une voûte de lumière presque pénible à regarder, ce vent léger annonce un changement de temps. Un grondement lointain monte vers nous, à peine perceptible, mais qui tient toute la place dans les profondeurs d'un nuage d'orage. Une nuée blanche remue maintenant jusqu'au sommet, presque vivante, coulant une ombre violette à l'horizon, là où le ciel prend appui sur la terre.

À cet instant, nous avons réellement le sentiment que nous sommes perdus dans le temps. Très loin dans un passé que nous comprenons à peine. Nous nous souvenons alors qu'en 420 av. J.-C. le philosophe grec Platon a écrit : « Le temps est l'image mobile de l'éternité immobile. » Une définition parfaite du temps imaginaire. Nous saisissons notre iPhone au fond de la poche. Sa surface lisse, douce, presque glissante, ses formes sans bords nous rassurent. Longtemps nous restons là, sans bouger, de peur de déranger une histoire qui commence. Un bruit lointain remue les profondeurs de la forêt. Ce n'est encore qu'un souffle vague, à peine une rumeur engourdie à l'horizon. Mais nous savons qu'un orage est en marche. Nous nous préparons à reprendre notre voyage.

L'information « artificielle » (c'est-à-dire les écrits et « inventions techniques » créés par l'homme) émerge à peine. Elle se réduit à quelques centaines de gigabytes : une quantité d'informations inférieure à celle qui se trouve stockée, en 2009, sur le disque dur du plus banal des ordinateurs portables.

Pourtant, les penseurs de cette époque, Socrate, Platon, Aristote et les autres, traverseraient les siècles sans rien perdre de leur force : étranger au temps et à l'oubli, leur esprit allait éclairer l'avenir et inspirer toute une civilisation.

4

DANS L'ABÎME DU TEMPS
(–15 000 à –65 millions d'années)

Nous émergeons lentement de la brume temporelle. Les contours du monde se remettent en place. Où sommes-nous ? Toujours sur notre colline, près de notre rocher. Mais quand ? Au néolithique, environ 15 000 ans dans le passé.

C'est l'été. Pourtant, à notre grande surprise, il règne un froid polaire et le ciel est alourdi par des nuages cristallisés. D'énormes glaciers recouvrent la majeure partie du Bassin parisien. La Seine est devenue un fleuve incroyablement puissant, au moins trois fois plus large qu'aujourd'hui. Tout le Champ-de-Mars est inondé. On entend son grondement perpétuel au pied de la colline. Notre capitale se réduit à quelques rares huttes en rondins blotties contre des talus, à l'abri du vent. Des hordes de mammouths et de tigres blancs à dents de sabre foulent le sol enneigé de ce qui, dans un futur presque irréel, deviendra la place du Trocadéro. Celle-ci est maintenant entièrement recouverte par une immense forêt primaire où rôdent quelques tribus d'hommes préhistoriques. À eux tous, ces hommes ne produisent plus que quelques centaines de mégabytes d'information. L'équivalent de deux ou trois cents livres de taille moyenne. À l'échelle du monde, ce chiffre est devenu très faible. De quoi est faite l'information fabriquée par l'homme à cette époque ? De gourdins, de flèches, de silex taillés. De fourrures apiécées. Dans ce monde-là, l'art existe sous une forme rudimentaire : des peintures symboliques recouvrent les parois des grottes, des encoches sont gravées sur des pierres et des ossements. Quant à l'écriture, elle est désormais presque inexistante (à l'exception d'une poignée de signes – quelques milliers sur toute la planète – éparpillés ici ou là à l'entrée des grottes ou sur des cailloux). Élaborée sur de longues années de travail, cette information-là est sédentaire, comme « gelée » : elle ne circule pratiquement plus.

Notre rocher est toujours là, mais bien plus gros. Un coup d'œil sur sa face : l'entaille est déjà là ! À son pied s'est ouverte une grotte peu profonde où des hommes ont trouvé refuge. La population mondiale est tombée à un million d'individus à peine.

Ce monde est si différent que nous sommes tout à coup surpris de voir surgir, à l'entrée de la grotte de Chaillot, sous notre rocher, un spécimen de *Canis familiaris*, probablement le tout premier chien de l'histoire, ancêtre lointain du chien-loup que nous avons rencontré au pied de la tour Eiffel avant notre départ, 15 000 ans dans l'avenir. Le poil soudain hérissé, l'animal grogne en nous voyant sur son chemin. Pendant quelques instants, il se fait menaçant, toutes dents dehors. Que comprend-il alors ? Progressivement, il finit par se détendre et vient vers nous en s'étirant, la queue battante. Peut-être a-t-il senti que nous pouvions lui apporter quelque chose. L'information initiale, à l'œuvre depuis le Big Bang, s'est donc ramifiée au sein de créatures totalement différentes les unes des autres. Du moins en apparence. Car l'analyse de leur code génétique montrera que certaines d'entre elles sont très proches. C'est justement le cas de l'homme et du chien.

Son génome sera décodé en 2005 : 90 % des instructions qu'il contient sont semblables aux nôtres. La chose est encore plus étonnante s'agissant de ce petit poisson qui nage sous nos yeux dans les eaux de la Seine. C'est l'ancêtre du poisson zèbre, dont 85 % du capital génétique est rigoureusement identique à celui de l'homme. Quant à cette mouche qui vient de s'envoler dans un crépitement d'ailes, plus d'un tiers de ses gènes sont semblables aux nôtres. Et à mesure que nous allons remonter dans le temps, cet écart avec nos « cousins » va se resserrer. Se pourrait-il qu'il disparaisse totalement ?

⋆

Notre voyage s'accélère. – 100 000 ans. La Seine est de plus en plus puissante, charriant de hautes vagues qui viennent se fracasser en écume sur les rochers où prendra un jour appui le pont d'Iéna. Étrangement, la colline de Chaillot est toujours là, mais elle monte à pic, tranchée de lames pierreuses à angles vifs. Sur le plateau lui-même, le terrain est maintenant accidenté, rehaussé de petites collines recouvertes d'arbustes. Parmi les lames de pierre affleure notre repère rocheux avec, toujours, la même forme effilée. Et la même entaille. Au détour d'une clairière, nous tombons sur des hommes de Neandertal. Ils sont quatre. Ils passent à quelques mètres de nous sans déceler notre présence. Avec leur crâne massif (au moins 1 600 cm^3) étrangement plus gros que le nôtre, ils sont impressionnants. Inexplicablement, l'on se sent bien dans cet endroit protégé – le futur Trocadéro, la place avec ses cafés. Il plaît aussi à ces « Parisiens » du passé lointain : deux d'entre eux y ont élu domicile. Soudain, l'antre d'une grotte où coule une source d'eau claire en fine cascade.

Nos étranges promeneurs viennent d'y faire halte pour s'y abreuver ! L'un d'eux ramasse quelques châtaignes à fleur d'herbe. Les ancêtres impensables des macarons, spécialité de Carette ? Toujours est-il que les baies sont dégustées dans un claquement de mâchoires. Ils sont quelques centaines à vivre en région parisienne et peut-être 180 000 en tout sur terre, un peu moins que les *Homo sapiens* (plus tard appelés hommes de Cro-Magnon, dont le patrimoine génétique diffère des hommes de Neandertal). En lutte perpétuelle contre le froid et toutes ces créatures tapies dans la nuit épouvantable, les Neandertaliens utilisent des armes de jet légères et des parures, ils inventent la sépulture : ils sont en route vers une civilisation qu'ils n'atteindront jamais. Étrange tour de l'histoire : ce sont leurs squelettes, leurs silhouettes puissantes et trapues que l'on retrouvera au XXe siècle au musée de l'Homme, à quelques centaines de mètres de notre grotte de Chaillot.

Nouvelle halte à –1 million d'années : la population mondiale compte moins de 100 000 individus. Et le monde est encore plus simple. La jauge d'information « artificielle » ? Très basse ! Tout au plus une vingtaine de mégabytes. Rien d'étonnant : les premiers « Parisiens » (pas plus que leurs congénères dans le reste du monde) ne fabriquent presque pas d'outils. Tout juste des armes rudimentaires (gourdins, éclats d'os, lames de bois). Cachés dans les fourrés, nous les apercevons furtivement : des *Homo erectus* ! Ils ont le front fuyant, le corps couvert de poils drus. Difficile de les distinguer de leurs cousins les gorilles. Un jour, c'est sûr, leurs lointains descendants s'installeront à la terrasse des cafés. La grotte de Carette est toujours là. La source aussi. Et ses « clients » ? des créatures de toutes sortes.

Nos *Homo erectus*, bien sûr. Deux d'entre eux se tiennent sur le seuil (en terrasse), mâchonnant des pommes naines cueillies sur l'arbre à l'emplacement du trottoir d'aujourd'hui. Mais aussitôt ont-ils détalé du côté de cette longue trouée au cœur de la forêt primaire (la future avenue Kleber) que des animaux plus insolites les uns que les autres s'installent à leur tour : l'eau y semble plus douce qu'ailleurs.

Bientôt, vers –10 millions d'années, une petite créature bondit furtivement d'un arbuste à l'autre vers le mont de Chaillot : c'est le Dryopithèque, un très lointain ancêtre de l'homme. Ils sont une petite dizaine à vivre ici, après avoir quitté leur pays natal, situé dans le sud de la France, dans ce qui, bien plus tard, va devenir la ville de Saint-Gaudens. À notre surprise, cette créature au poil hirsute, marchant le plus souvent à quatre pattes, a élu domicile au pied de notre rocher. En apparence, cet étonnant « Français » est à peine différent d'un animal, mais déjà, il fait ses premiers pas dans la nuit des temps, en route vers l'humanité. La terre presque vide n'abrite désormais qu'une poignée de préhominiens, peut-être moins d'un millier.

Et le niveau d'information de cette première tentative de civilisation ? Il atteint à peine quelques centaines de milliers de caractères : la moindre calculette de poche est dotée d'une capacité de stockage immensément plus grande.

À – 40 millions d'années, le premier coup d'œil nous désarçonne. Nous ne reconnaissons plus rien. La chaleur, immobile, est partout : le climat est devenu tropical. Mais surtout, les eaux ont déferlé dans le Bassin parisien. Le Champ-de-Mars, Chaillot (ainsi que notre rocher) et toute l'Île-de-France sont désormais engloutis à des dizaines de mètres de profondeur, sous la mer Estampienne, d'où émergera la ville d'Étampes, 40 millions d'années plus tard. Cette mer intérieure s'étend à perte de vue, de la Manche à l'Atlantique, avec çà et là des îles. De nos jours, seul le haut de la tour Eiffel pourrait encore échapper à l'engloutissement. Pour retrouver la terre ferme, il nous faut traverser la France engloutie jusqu'aux sommets des Vosges. Là, dans la moiteur de l'été perpétuel, nous rencontrons des créatures de plus en plus insolites : le Cynodictis (sorte de chien très primitif, ressemblant vaguement à une mangouste géante) ou encore les inquiétants Gastornis, des échassiers carnivores géants, avec leur plumage rouge vif, hauts de près de trois mètres et armés d'un bec redoutable.

À présent, la mer s'est retirée de l'Île-de-France et la colline de Chaillot tout comme le Champ-de-Mars sont à nouveau au sec. Chose incroyable : notre rocher est redevenu visible.

Très haut dans le ciel monte le bourdonnement perpétuel des abeilles. Elles étaient là déjà, bien avant nous. Curieusement, la disposition du paysage rappelle vaguement ce qui deviendra la place du Trocadéro. Mais ce sont des hauts palmiers qui se dressent là, avec, autour de leurs troncs, des fleurs multicolores. Tout à coup, une vision surgit au détour d'un sentier. Quelque chose qui nous paraît totalement irréel : la grotte de Carette ! Elle est là, à quelques mètres devant nous, nettement reconnaissable. Elle traversera donc les millions d'années, résistant aux remaniements du terrain et à l'engloutissement sous les mers.

Le silence.

Immobile dans ce jour si lointain, il monte jusqu'au ciel, rayonnant d'une lumière aussi calme que les ombres de la grotte. Une brise tiède frôle les herbes où, à demi cachée, sommeille une sorte de loutre géante. Et comme toujours, une eau argentée rafraîchit le creux de la roche où viennent s'abreuver des oiseaux inconnus. Carette par un lointain après-midi d'été, il y a 65 millions d'années…

Au bout d'un long moment, nous quittons cette clairière paisible. Quelques pas dans les fourrés, et nous sommes arrêtés par un gigantesque nipah, sorte de palmier dont le tronc pousse à l'horizontale, à demi enfoui sous terre. On a l'impression que ses grandes feuilles presque bleues sortent directement du sol. Une préfiguration, peut-être, de la statue du général Foch. En contrebas, à la place de la Seine, coule un rapide écumant. Des créatures inconnues viennent s'y abreuver bruyamment puis repartent chasser en bandes.

Aucun homme n'est encore là pour remuer les fougères de ses cris. Seuls les animaux font entendre leur étrangeté. S'étonnera-t-on que, dans cette jungle sans hommes, l'information ne soit désormais définie par rien d'autre que le travail physique, chimique, biologique ou génétique d'une nature projetée dans la très longue histoire de sa propre évolution ?

5

La couleur tombée du ciel
(-65 millions d'années)

Nous arrivons dans la période la plus chaude de l'histoire de la Terre. Impossible de trouver de la neige ou de la glace à la surface du globe, même aux pôles. En ces temps d'été perpétuel fleurissent des palmiers et des arbres tropicaux en Antarctique et jusqu'au pôle Nord.

Qu'est devenue la « sphère d'informations » à cette époque qui ne correspond plus à aucune de nos intuitions ? En fait, elle ne tient presque plus à des artefacts (c'est-à-dire à des objets fabriqués par des êtres vivants) : la Terre des dinosaures obéit à des « opérateurs d'informations » physiques, biologiques et génétiques dont on peut assez facilement mesurer la complexité. Par exemple, de nos jours comme alors, l'orbite du globe dépend de la loi de la gravitation : une loi mesurable et quantifiable en informations. Il en va de même pour les opérateurs d'informations biologiques et génétiques qui « codent » chaque espèce et font qu'un brontosaure est différent d'un archéoptéryx ou encore d'un *Volitcotherium antiquus*, sorte de petit mammifère qui ressemblait à un écureuil volant. Cet opérateur d'informations génétiques a permis, entre autres, la différenciation entre les 1 500 espèces de dinosaures, les millions de types d'insectes, de poissons, de plantes, qui ont peuplé la Terre pendant l'ère secondaire. À l'époque, il y a déjà une information « culturelle » (ce mot, volontairement fort, désigne en l'occurrence la manière dont les dinosaures ont structuré leur monde) qui représente, ici et là, quelques centaines de bytes. De quoi s'agit-il ? Essentiellement des premiers artefacts fabriqués par les créatures afin d'assurer leur survie : aussi bien les galeries souterraines et autres terriers des petits rongeurs que les nids assez sophistiqués des dinosaures. Il s'agit déjà d'une transformation de leur environnement par des êtres vivants : ces premiers signes d'une intelligence rudimentaire au travail dans la nature peuvent déjà être traduits sous la forme d'une information. Même un arbre déraciné au hasard par la queue d'un brontosaure, la simple empreinte d'un diplodocus dans le sable, ou encore les restes du festin aérien d'un ptérodactyle, peuvent être interprétés comme un « signe de vie » qui – même de manière infinitésimale – « informe » le monde. Évidemment, la somme a de quoi surprendre : peut-être cinquante mille caractères dans le monde entier, tout juste quelques dizaines de pages d'un livre !

Mais revenons à l'une des dernières journées paisibles que vivront les habitants de la Terre, il y a 65 millions d'années. À la fin du crétacé, l'hémisphère Nord est occupé par deux blocs continentaux. Le premier comprend l'Asie et la partie ouest de l'Amérique du Nord tandis que le second regroupe l'Europe et la partie est de l'Amérique du Nord. À cette époque, le nord du Bassin parisien émerge au-dessus d'une mer tropicale toute proche qui s'étend au sud-est, à partir de la région connue de nos jours sous le nom de « massif de Fontainebleau ». Le lieu qui deviendra la place du Trocadéro est méconnaissable. Alors que vers le sud les terres sont régulièrement envahies par la mer, ici le sol est recouvert d'une épaisse couche de sable blanc. Il fait chaud. Des insectes vibrent très haut dans un ciel bleu à perte de vue. Ils viennent butiner les fleurs des palmiers et autres plantes exotiques qui prospèrent dans le climat tropical de ce monde sans hommes. Et voilà que tout à coup, une pensée nous traverse l'esprit : ne ferait-il pas bon vivre dans ce lieu sans cafés, sans voitures, sans kiosques à journaux, sans rollers ni cartes de crédit ? Un monde encore vide de toute civilisation ? N'aurait-on pas envie de s'allonger, simplement, sur le sable tiède, de le faire couler entre ses doigts, d'écouter le silence à peine remué par les grandes feuilles des palmiers et des fougères ? On respire alors à pleine poitrine l'air pur, transparent, presque lumineux. Cette jungle multicolore s'étend à perte de vue vers le nord et touche à une immense plage vers le sud.

Mais pour l'heure, l'espèce dominante est celle des grands sauriens : ces animaux règnent sans partage sur la Terre depuis presque 160 millions d'années. À leur tête, le légendaire tyrannosaure. L'immense saurien passe devant nous à puissantes enjambées, occupé à chasser d'autres dinosaures pour nourrir ses dix tonnes. Son crâne est gigantesque. Mais à l'intérieur, il n'y a presque rien : perdu dans le vide de ce qui n'est qu'une petite caverne osseuse, son cerveau est minuscule : à peine une dizaine de centimètres. Ce monstre n'a pas d'émotions – pas de pitié, pas de regrets – et pour cause : à peine quinze secondes de mémoire. Tout juste dix mille neurones, cent fois moins que l'abeille. Pourtant, entre cette terrifiante créature et l'homme, on va de nouveau trouver une parenté. Un surprenant cousinage, fondé sur le fait que selon certaines estimations, environ un quart de notre patrimoine génétique serait identique à celui du tyrannosaure (même si l'on n'a jamais pu analyser complètement l'ADN d'un dinosaure). Ces créatures se déplacent en bande et peuvent se rendre à pied sec de la France en Angleterre. Il leur est même possible d'aller ainsi d'Europe jusqu'en Amérique.

Soudain, un jour comme les autres, chaud et tranquille, quelque chose d'incroyable va se produire. Très haut dans le ciel, une boule de feu vient en effet d'apparaître. Quelques animaux lèvent la tête mais aucun d'eux ne prend réellement conscience de ce qui va suivre. Un énorme astéroïde, de 10 kilomètres de diamètre, un bloc plus grand qu'une montagne, calcine autour de lui le bleu du ciel. Il atteint le poids effarant de 2 500 milliards de tonnes. Dans un grondement effroyable, à demi engloutie dans sa longue traînée noire, la montagne de roche et de métal fondu chute en tournoyant sur elle-même à la vitesse folle de 25 km/s (environ 100 000 km/h). En moins de trente secondes, le sinistre bolide a traversé l'atmosphère en la volatilisant sur des centaines de kilomètres. Et voilà qu'il percute l'océan dans ce qui va devenir plus tard la presqu'île du Yucatán, à Chicxulub au Mexique. Le choc s'est produit à des milliers de kilomètres de l'endroit où nous nous trouvons. Et pourtant il est d'une violence inouïe, indescriptible. À cet instant, les dinosaures qui broutent tranquillement sur les terres de la future Europe n'ont encore rien entendu. Mais tout à coup, une secousse brutale éventre le sol sous leurs griffes. Au même moment, leurs yeux sont frappés par un éclair aveuglant, qui dégage instantanément une énergie équivalant à 5 milliards de bombes d'Hiroshima. Vingt secondes plus tard, la chute de ce bloc démesuré dans l'océan provoque la formation d'une vague monstrueuse, une immense muraille liquide, haute de plus de 10 kilomètres. Quant au cratère, il se propage à ras de terre sur plus de 200 kilomètres de diamètre et atteint instantanément 3 000 mètres de profondeur.

Sept minutes après la catastrophe, dans un grondement sourd qui fait vibrer les entrailles de la planète jusqu'aux confins, la montagne liquide s'abat en écumant sur les terres, écrasant d'un seul coup les dinosaures, les forêts et la plupart des créatures de cette époque.

Une heure vient de s'écouler depuis le cataclysme. Le visage de la Terre est totalement bouleversé. Les continents ont été largement envahis par les eaux. Le choc titanesque a provoqué un jaillissement de matière pulvérulente jusqu'à 80 kilomètres de hauteur : une gigantesque colonne de cendre et de cristaux de quartz s'élève lentement dans le ciel empli de nuées. En quelques minutes, l'immense panache noir atteint plus de 1 000 kilomètres de diamètre, recrachant des monceaux de lave et de matière en fusion à des vitesses comprises entre 10 000 et 40 000 kilomètres par heure. Telles des millions d'étoiles filantes, ces blocs en feu ont illuminé le ciel noir, brûlant soudain l'atmosphère à plus de 400 degrés. En effet, le méthane, issu de la décomposition des plantes et enfoui dans les couches internes de la Terre, a été éjecté dans le ciel avant de s'enflammer brutalement. Des incendies d'une ampleur inimaginable ont alors embrasé la planète. Les dinosaures qui n'ont pas été emportés par le raz de marée sont maintenant calcinés dans une fournaise à ciel ouvert. Curieusement, la première vague de la catastrophe n'aura duré que quelques heures. Mais elle a été d'une telle intensité que la plupart des habitants de cette Terre primitive ont été balayés : seuls survivront les petits mammifères réfugiés dans les profondeurs des grottes souterraines ou au sommet des montagnes. Ce drame cosmique a eu lieu près de l'équateur. C'est la raison pour laquelle un immense nuage de poussière s'est alors étendu sur les deux hémisphères, plongeant notre monde dans une nuit suffocante. L'air est bientôt devenu irrespirable, saturé de vapeurs de soufre, d'acide sulfurique et d'oxyde de carbone. Le soleil a été progressivement masqué par le sinistre nuage noir et, en quelques jours la température est tombée à −20 degrés. Puis cette nuit glaciaire, qui durera des dizaines d'années, a été suivie par un terrible effet de serre qui a sévi durant 10 000 ans. Avec des conséquences désastreuses dont on peut encore analyser les traces au XXIe siècle : les coupes géologiques révèlent que des zones étendues sur plusieurs centaines de milliers d'années ont été totalement dépourvues de faune et de flore. C'est durant cette longue nuit que les derniers dinosaures survivants ont disparu à leur tour.

⋆

La preuve de ce qui s'est passé se trouve, semble-t-il, dans une couche sédimentaire anormalement riche en iridium, un métal très rare, qui n'existe pratiquement pas sur notre planète, mais qu'on retrouve en abondance dans les couches géologiques qui correspondent à l'époque du choc. Trace géologique ineffaçable, ce témoin d'une des plus grandes catastrophes de tous les temps est repérable partout sur notre monde. Même sur la place du Trocadéro. Même sous les fondations des bâtiments : il y a 65 millions d'années, le lieu même de notre salon de thé a traversé, lui aussi, l'eau, le feu et l'apocalypse. Les océans ont mis 5 000 siècles avant de se remettre du cataclysme. Que se serait-il passé si cette catastrophe n'avait pas eu lieu ? On sait qu'il n'y a pas de place sur terre pour deux espèces dominantes. Tant que les dinosaures occupaient le territoire, l'homme ne pouvait pas apparaître. Cet effroyable cataclysme aura donc permis à l'homme d'accéder à l'évolution : étrangement, le chemin vers l'intelligence est donc passé par la route des étoiles.

6

Des araignées géantes sur la colline de Chaillot
(-80 millions à -500 millions d'années)

Un nouveau bond dans le temps nous projette 80 millions d'années en arrière, très longtemps avant le cataclysme. Un ciel sans nuage, bleu jusqu'à l'infini, pèse sur le grand silence du monde.

Nous nous retrouvons au milieu d'un massif de fougères à triples rangs d'épines. L'air est presque trop pur. Des créatures colossales, montées en masses de chair grisâtres, fendent lentement la végétation. L'une d'elles tourne sa tête hérissée de dents vers nous. Un carnassier. Il nous a vus. Son cerveau minuscule lui commande alors de se jeter sur la proie facile que nous représentons. Secouant la tête de droite à gauche, il s'ébranle lourdement dans notre direction. Le sol tremble, éventré sous ses griffes qui projettent en tous sens des mottes de terre fraîche. L'air, riche en oxygène, est soudain saturé par les vapeurs acides que dégage le monstre. D'un bond, nous nous jetons dans un fossé profond. Presque aveugle, la chose passe sans nous voir, déchirant les broussailles de sa queue affreusement mobile. Puis elle disparaît, engloutie par les lianes qui se referment derrière elle. Nous finissons par ressortir des fourrés. Nous serrons notre iPhone entre les mains.

Témoin lisse des temps à venir. À son contact nous retrouvons un peu de notre calme.

Les sauriens géants sont partout. Ils nagent dans les profondeurs des océans, parcourent les forêts chaudes et humides ou planent dans les airs. Or si nous avons décidé de faire une halte 80 millions d'années avant notre ère, c'est pour rencontrer une minuscule créature de la taille d'un rat ou d'un écureuil appelée *Purgatorius*. Cet animal chétif, blotti de peur sous une feuille, a quelque chose de spécial. Contrairement aux dinosaures qui l'entourent, il s'agit d'un mammifère : il pourrait même être l'ancêtre commun de tous les primates. Bien que les paléontologues n'en soient pas tout à fait certains, il n'est pas impossible que cette créature ait été dotée, dès cette époque, d'une caractéristique décisive : un pouce opposable aux autres doigts. Et ce petit avantage aura sans doute suffi à placer *Purgatorius* sur la longue route de l'évolution vers l'intelligence.

Où en est notre colline de Chaillot ? Aussi invraisemblable que cela puisse paraître, on devine toujours sa silhouette escarpée qui dépasse de quelques mètres au ras de l'eau. Le Bassin parisien se trouve à présent presque entièrement recouvert par la mer Boréale. Rejoignant au sud l'océan Thétys, cette mer inquiétante inonde la plus grande partie de la France. Nous restons là quelques minutes en silence. Face à la mer. Nous avons beaucoup de mal à croire que dans cette plaine en contrebas sera un jour érigée la tour Eiffel. Et plus loin encore l'École militaire. Que des millions d'hommes vivront ici dans l'avenir lointain. Enfin, presque à regret, nous replongeons dans le passé, à –130 millions d'années. Notre colline a émergé en bord de mer. Mais l'emplacement de la tour Eiffel a disparu sous une dizaine de mètres d'eau. Encore 20 millions d'années en arrière et la colline de Chaillot est une fois de plus engloutie sous les vagues.

À présent, changeons d'ère géologique. Nous voici près de 200 millions d'années en arrière, à une époque incroyablement autre, que les géologues appellent le trias. Là où se tenaient la colline de Chaillot et son rocher se dresse désormais un massif émergé, formé de couches de grès. Est-ce pensable ? Ce promontoire silencieux qui surplombe de quelques mètres une mer vide à perte de vue nous rappelle quelque chose. Mais pour l'heure, une chaleur tropicale se déverse sur les eaux peu profondes et transparentes. Des courants chauds se forment sur les fonds sablonneux visibles sous le soleil, d'un seul tenant jusqu'à la mer germanique à l'est et Thétys au sud.

Mais un autre cataclysme nous attend. Sans doute le plus dramatique que notre monde ait jamais connu. Il a eu lieu il y a 250 millions d'années et marque le début du trias. À cette époque, tous les continents se trouvaient réunis en un seul bloc : la Pangée. La vie s'y était déjà diversifiée en de multiples espèces. Que s'est-il alors passé ? Un cataclysme inimaginable : 90 % des espèces vivant alors sur la Terre ont disparu.

Comme pour les dinosaures, les créatures de cette époque (qu'on appelle le permien) ont sans doute été victimes d'un immense astéroïde venu de l'espace. Un bloc gigantesque, dépassant les 15 kilomètres de diamètre (une montagne trois fois plus grande que le mont Blanc), est sans doute entré en collision avec la Terre, dans une région qui correspond aujourd'hui au nord de l'Australie. En quelques minutes, des centaines de milliards de tonnes de roche ont sans doute été catapultées dans l'atmosphère. Les entrailles de notre planète ont été déchirées sous le choc d'une violence inouïe : des éruptions volcaniques monstrueuses, un effet de plasma suivi de l'empoisonnement de l'air et d'un très long hiver nucléaire ont sans doute causé la disparition de presque toutes les espèces, aussi bien sur la terre ferme qu'au fond des océans. Sur ce point, des chercheurs affirment avoir mis en évidence, au large de l'Australie, l'existence d'un immense cratère de 193 kilomètres de diamètre. Les analyses indiquent assez clairement que la cuvette dont l'effondrement remonte à 250 millions d'années pourrait bien représenter le vestige géologique de la chute d'un énorme astéroïde qui a marqué le formidable remaniement de toutes les espèces vivantes.

Quittons cette époque de bouleversements pour remonter vers le carbonifère, il y a 300 millions d'années. Brutalement, le Bassin parisien s'est soulevé. Une fois de plus, ce qui va engendrer plus tard la colline de Chaillot est au sec : la mer a totalement disparu. Et pour cause : à présent, des montagnes colossales recouvrent toute la France (et une grande partie de l'Europe). Le Bassin parisien est devenu une sorte de haut plateau, un peu comparable au Tibet. À l'emplacement (si ce mot a encore un sens) de notre colline s'élève un mont impressionnant d'où nous pouvons contempler au nord et au sud deux énormes chaînes de montagnes. Difficile à imaginer, mais ces pics en aiguilles tranchent les nuages et se perdent dans des hauteurs béantes, à plus de huit mille mètres. De maigres arbustes enserrés de lianes et de fougères s'écroulent en volutes vert sombre. La végétation a envahi les vallées, les dépressions, les failles. La forêt est partout. Et les grands dinosaures ne sont pas encore là. Les « Parisiens » sont des créatures inconnues. En voici une, qui vient de surgir d'un rideau de lianes feuillues : le Dimétrodon, un étonnant reptile mammalien. Long de un mètre, se dandinant sur ses pattes très plates, il ressemble à un croisement entre une grosse loutre et une salamandre. Or, malgré son aspect incroyablement autre, ce que nous voyons passer devant nous est l'un de nos ancêtres directs les plus lointains. Un peu plus loin, un autre animal bondit soudain hors de l'eau : *Crassiriginus Scoticus*, une sorte de têtard géant dépassant les deux mètres de long. Nous nous cachons derrière les feuilles d'un Palaeoweichselia : une plante subarborescente à tige dressée portant à son sommet un bouquet de frondes de grande taille. L'animal replonge dans les eaux de ce qui deviendra peut-être la Seine, dans 300 millions d'années. Une chose est sûre : la distance génétique qui sépare toutes ces créatures se réduit à mesure que nous remontons dans le temps. Autrement dit, les différentes formes de vie se ressemblent de plus en plus. La complexité diminue au fil des millions d'années.

Un peu étourdis par tant d'étrangeté, nous faisons quelques pas. C'est peut-être ici, sur cette zone plate, face à une large rivière en contrebas, que sera édifié le palais du Trocadéro. Tout à coup, nous avons un choc. Le rocher. Nous n'en croyons pas nos yeux. Il semble que ce soit lui. Même forme. Même encoche sur la face supérieure. Si c'est vraiment le même que celui que nous avons quitté sur la colline voilà 300 millions d'années, alors le monde est encore plus fou que ce tout ce que nous pouvions imaginer.

⋆

Notre voyage dans le temps nous entraîne toujours plus loin : il y a 350 millions d'années, l'Europe et l'Amérique se trouvent à la hauteur de l'équateur, réunis dans le continent unique de la Pangée. Dans l'épaisse forêt, essentiellement constituée de fougères géantes, on n'entend aucun grognement de mammifère ni aucun cri d'oiseau. Ces créatures feront leur apparition beaucoup plus tard. Dans l'air lourd et humide se croisent d'innombrables arthropodes et insectes : leur bourdonnement continu remue en vagues inégales toute la forêt primaire. Ces insectes géants sont alors les maîtres du monde : des araignées mesurant jusqu'à plus de deux mètres (d'une patte à l'autre), des libellules dépassant la taille d'un aigle royal, de monstrueux mille-pattes herbivores atteignant les cinq mètres de longueur. Nous tentons de nous frayer un chemin dans un enchevêtrement inextricable de lianes et de bambous qui pourrissent dans les marais. Impossible d'imaginer que cet espace-là, plongé dans l'ombre de fougères qui s'élèvent à plus de quarante mètres de haut au-dessus du sol marécageux, pourrait être celui de Paris, 350 millions d'années plus tard. En attendant, deux énormes araignées noires viennent d'entrer chez Carette (ou plutôt dans la clairière herbue qui, en descendant le long de la ligne d'Univers, nous amènera un jour chez Carette). Leurs proies ont fini de se débattre dans la toile géante tendue entre deux arbres. Nous préférons battre en retraite. Mais voilà que, tout à coup, nous tombons nez à nez avec un sauropside, un animal qui ressemble un peu à un lézard et qui a engendré tous les groupes de reptiles ainsi que les oiseaux. Juste derrière lui, à demi enfoui dans la vase et les marécages, un synapside tente à grand bruit de gagner un sol plus ferme. Chacune de ses pattes arrache une forte odeur de pourriture du fond du marécage. C'est un reptile très particulier, identifié par les spécialistes sous le nom de « mammalien » : cette étrange créature joue un rôle essentiel dans notre existence :

c'est sans doute l'ancêtre de tous les mammifères. Pour l'heure, cet animal long de trois mètres tente de trouver sa nourriture dans la pénombre perpétuelle de la forêt. Il vient d'échapper de peu à l'attaque conjuguée de libellules démesurées dont les ailes vibrent non loin de là.

Pour quelle raison ces animaux de cauchemar étaient-ils si grands ? Sans doute parce que l'atmosphère de cette époque était beaucoup plus riche en oxygène. Si les terrasses des cafés du Trocadéro se trouvaient brusquement plongées dans l'atmosphère du carbonifère, les clients seraient rapidement incommodés par l'air ambiant. En fait, le gigantisme des insectes et arthropodes du carbonifère s'expliquerait par cette saturation de l'atmosphère en oxygène. Et à l'inverse, si l'un de ces mille-pattes venait à s'échouer un dimanche matin, place du Trocadéro, juste devant les passants, son épaisse carapace raclant les parois du kiosque à journaux, l'effrayante créature serait bien incapable de survivre très longtemps dans notre atmosphère.

⋆

Voilà bien longtemps que nous n'avons pas évalué le niveau d'information de la planète. Reprenons notre traversée. 80 millions d'années plus tôt, les paysages sont vides : plus un seul animal sur la terre ferme à perte de vue. Désormais, la vie est dans l'eau. Les poissons viennent d'entamer la conquête de la terre. Bien avant d'engendrer les dinosaures, ils ont d'abord donné naissance aux insectes dont nous venons de parler.

À cette époque surviennent des événements tellement étonnants qu'on a du mal à croire qu'ils ont pu avoir lieu. Le Bassin parisien se détache de l'Euramérique, ce continent gigantesque résultant de la rencontre entre l'Amérique du Nord et l'Europe. Commence alors pour le Bassin parisien (et la future colline de Chaillot), solidaire de cette sorte d'île qu'on appelle Armorica, une extraordinaire dérive qui va le mener jusqu'au Gondwana, gigantesque disque continental comprenant, entre autres, l'Amérique du Sud, l'Afrique et l'Inde.

Jetons un coup d'œil à notre jauge. Nous fronçons les sourcils : il n'existe plus un seul byte de ce que nous appelons l'« information artificielle ». Plus rien ! Pas même l'équivalent de quelques pages de livre. C'est la grande différence avec toutes les ères antérieures : désormais, la Terre est vidée de toute information résultant d'une transformation volontaire de l'environnement. Pourquoi ? Parce que les poissons et autres animaux aquatiques ne fabriquent plus aucun artefact, aucun objet. Totalement passives, les formes de vie aquatiques n'agissent plus du tout sur leur environnement.

50 millions d'années plus tôt, nous découvrons les traces de pas les plus anciennes du monde : creusées par une mystérieuse créature dotée de huit pattes et d'une queue, elles datent de 490 millions d'années. C'est sans doute lui l'ancêtre archaïque de tous les insectes. À la même époque, nous rencontrons bien d'autres animaux primitifs, tous plus insolites les uns que les autres. Comme ce curieux poisson qui fend une lame d'eau (la Seine dans des millions d'années ?) et qui possède cinq yeux !

Pour finir, une remarque : eu égard à la quantité inimaginable d'informations qui « codent » l'Univers tout entier, le niveau d'information sur la Terre est négligeable, et ce quelles que soient les époques. Et même si, au carbonifère, l'information liée aux artefacts (c'est-à-dire à la capacité des êtres vivants à modifier leur environnement pour survivre) a diminué dans des proportions extraordinaires (dans ce monde-là, il n'y a plus d'information liée à « l'intelligence artificielle du vivant »), cette différence intervient à peine dans le bilan global. Le résultat peut surprendre, mais rapporté à l'Univers entier, le niveau d'information est alors à peine plus faible que celui d'aujourd'hui : tout juste un ordre de grandeur de différence. En effet, la jauge décrivant toutes les informations possibles en 2009 (« artificielles » aussi bien que « naturelles ») est, comme on l'a vu, d'environ 10^{120} bits. Or, il y a 500 millions d'années, cette jauge indiquait quelque chose autour de 10^{119} (soit « seulement » dix fois moins d'informations à l'échelle de l'Univers). C'est dire que la quantité d'informations dites « naturelles » qui « codent » la physique, la chimie et la biologie des systèmes caractérisant le cosmos demeure extrêmement élevée.

Nous verrons plus loin pourquoi.

7

Paris au fond de l'Océan
(-530 millions à -3,5 milliards d'années)

Laissons derrière nous les organismes évolués du carbonifère, les scolopendres, les libellules et autres araignées, pour remonter toujours plus loin en direction de l'origine.

Nous voici face à l'extraordinaire « explosion du cambrien ». Il y a 530 millions d'années, alors que la vie connaît une formidable diversification au fond des mers, elle n'est encore représentée sur terre que par des micro-organismes d'origine marine, très certainement des lichens nés de la symbiose d'un champignon et d'une algue. À cette époque, les continents forment quatre masses séparées par des mers profondes et correspondant à l'Europe, à l'Amérique du Nord, à l'Asie et à un bloc constitué de l'Antarctique, l'Amérique du Sud, l'Australie, l'Afrique et l'Inde. Dans ce monde encore vide d'animaux évolués, les clients des cafés du Trocadéro sont alors remplacés par des êtres étonnants, ressemblant un peu à des punaises géantes : les trilobites. Ce sont eux les premiers maîtres de la Terre. Leur long règne va durer presque 300 millions d'années.

Nouveau saut dans le passé. Maintenant, nous nous mettons peu à peu à ressentir que nous nous rapprochons du commencement du temps. Car autour de nous, tout est si nu, dépouillé, simple, que nous constatons à quel point le monde a réellement perdu sa complexité. Nous avons atterri sur un rocher, face à la mer. Immense et vide. Nous ne savons pas pourquoi, mais nous avons l'impression que cette roche sous nos pieds est la même que celle que nous découvrirons sur la colline du Trocadéro. Peut-être que nous rêvons. En tout cas, cette encoche profonde tailladée dans la pierre sur plus de vingt centimètres ressemble à s'y méprendre à celle que nous connaissons. Si c'était donc vrai ? Nous voulons le croire. Nous rassurer par n'importe quel moyen grâce à quelque chose de familier. Ce qui est certain, c'est que – malgré les remaniements de la croûte terrestre, malgré les multiples dérives continentales – nous sommes toujours au même endroit : au milieu de la place du Trocadéro, à quelques dizaines de mètres de la terrasse du grand café qui fera le coin de l'avenue d'Eylau. Dans le silence de cette journée étrange, nous allumons notre iPhone, simplement pour nous rappeler d'où nous venons. Les icônes multicolores, celles de la météo, de nos contacts, des courriels ou de l'iPod, nous semblent totalement irréelles. Ce monde de l'avenir lointain existera-t-il un jour ?

Remontons encore de 500 millions d'années dans le passé. Voici l'océan primitif qui s'étendait sur la Terre il y a environ 1 milliard d'années. Devant nous, le paysage est totalement silencieux. Les cyanobactéries viennent de convertir l'azote en oxygène par photosynthèse : à cette époque, le ciel est enfin devenu bleu tandis que la température de l'eau est tombée à environ 30 degrés. Les vagues dont on aperçoit l'écume blanche devaient beaucoup ressembler à celles des océans et mers chaudes qui recouvrent de nos jours l'hémisphère Sud. Quelque part dans le torrent des siècles futurs, dans le lointain souvenir de l'avenir, la roche grise de ce continent primitif pourrait bien abriter, un jour, les cafés multicolores et bruyants de la place du Trocadéro. Mais pour l'heure, il n'y a rien. La Terre est bien là, le Soleil aussi, mais cette mer indifférente qui roule ses flots à l'infini nous dit toute l'étrangeté de ce monde.

Encore un bond inconcevable de 2 millions et demi de siècles. Dans ces temps engloutis, il y a près de 3 milliards et demi d'années, la température de l'eau est bien plus élevée : entre 60 et 80 degrés. Ce spectre de hautes températures a très certainement favorisé les réactions chimiques à l'origine de la vie. Aussi bien l'énergie libérée par le cœur des volcans que les ondes de choc générées par les impacts météoritiques, les décharges électriques des orages, les rayons cosmiques du jeune Soleil, la radioactivité naturelle de l'écorce terrestre, les composés organiques d'origine cométaire dissous dans les océans, ainsi que la chaleur des sources hydrothermales, ont contribué aux enchaînements chimiques propices à la vie : toutes ces formes d'énergie, responsables de la synthèse des premiers composés organiques, ont permis son apparition dans les tout premiers océans du monde.

C'est la nuit. Le ciel est d'une étonnante pureté, traversé par l'immense bande argentée de la Voie lactée. Est-ce une illusion ? Il nous semble que les étoiles et les constellations brillent d'un éclat plus vif. En tout cas, malgré l'absence de la lune cette nuit-là, une sorte de halo phosphorescent baigne les déserts des premiers âges. Comme si la nuit n'était plus tout à fait noire. Du moins ne reconnaissons-nous aucune des constellations qui nous sont familières : ni la Grande Ourse, ni sa sœur, la Petite Ourse.

Mais la nuit est très courte. Avec le lever du soleil, nous découvrons ce paysage du début des temps. Où sommes-nous donc ? Quelque part sur une immense lame rocheuse de couleur grisâtre. Il n'y a pas un brin d'herbe. Pas une mousse. Rien. La vie n'a pas encore pris possession de la matière minérale à l'air libre. Soudain, un sifflement aigu dans le ciel. Nous voulons nous protéger mais il n'y a aucun endroit où nous cacher. Un petit aérolithe troue les nuages et son sillage incandescent vient droit sur nous. L'instant d'après, il percute la roche à quelques dizaines de mètres et y creuse un profond sillon. Les contours fumants de l'entaille nous rappellent quelque chose. Les premiers « Parisiens » sont totalement indifférents à ce qui vient de se passer. Ballottés par les vagues, nos très lointains ancêtres ne sont encore que des cellules insignifiantes dont le seul projet, à cet instant, est d'échapper au courant qui les entraîne vers le fantôme à venir de la tour Eiffel.

Un nouveau saut de 400 millions d'années, et nous voici 4,4 milliards d'années dans le passé. La terre vient tout juste de naître, presque en même temps que le Soleil. Le sol est encore tiède et la lave jaillit parfois de crevasses qui se creusent soudain sous nos pas. D'immenses colonnes de fumée noirâtre recrachées par les volcans montent en panaches vers les hauteurs béantes.

Tout a beaucoup changé dans l'Univers de cette époque. Il est presque impossible de reconnaître les constellations qui nous sont familières. Par exemple, comme si elle s'était écrasée sur elle même, la Grande Ourse ne ressemble plus tout à fait à un chariot. Quant à la voie lactée, elle est à présent nettement plus brillante.

La naissance de la lune

Notre voyage vers les ères primordiales se poursuit jusqu'à cet événement extraordinaire sans lequel, peut-être, la vie ne serait jamais apparue sur la Terre : la création de la Lune. Nous sommes à environ 4,5 milliards d'années dans le passé. La Terre est encore très jeune. Le sol est un magma en fusion dont la température atteint plusieurs milliers de degrés. Comment imaginer que la vie puisse un jour surgir de cet enfer ?

Soudain, un corps céleste de la taille de Mars frappe de plein fouet notre jeune planète, qui est à peine âgée de 42 millions d'années. Le choc est d'une violence indescriptible. En quelques instants, des milliards de tonnes de matière en fusion résultant de cette collision titanesque sont projetés vers l'espace avant de dériver sur une orbite lointaine. Progressivement, au fil des millions d'années, ces débris vont se rassembler jusqu'à former le visage actuel de la Lune.

Ce scénario repose sur les données minéralogiques et chimiques fournies par les échantillons de roches lunaires des missions Apollo et les simulations informatiques de formation du système solaire. Ces éléments confirment qu'il y a environ 4,5 milliards d'années un tel corps céleste (nommé parfois Théia) serait entré en collision avec la Terre, son noyau ferreux se serait incorporé à celle-ci en grande partie, alors que des fragments du manteau terrestre arrachés par la collision se seraient mélangés aux débris de cette planète. Assez rapidement, l'anneau (autour de la Terre) de roches et de gaz résultant se serait condensé pour former notre Lune. Cela expliquerait les parentés de composition anormales qui existent entre les roches du manteau terrestre et celles de la Lune, ainsi que son déficit en fer.

Or si notre satellite n'avait pas existé, l'axe de rotation terrestre aurait présenté des instabilités de grande ampleur (variant de 0 à plus de 60 degrés) qui auraient perturbé les climats et rendu presque impossible la chimie prébiotique, et par là même l'apparition de la matière vivante. De plus, au-delà de cette instabilité climatique, la présence de la Lune a eu pour effet de régler la vitesse de rotation du globe terrestre : sans notre satellite, la durée de l'alternance entre le jour et la nuit aurait été très différente et, là encore, la vie aurait eu beaucoup de mal à se développer – des périodes régulières et assez longues d'ensoleillement étant indispensables à la photosynthèse et, par conséquent, à la dynamique du vivant.

Sur cette Terre d'avant la Terre, alors que ce monde naissant n'est encore constitué que de laves en fusion, la jauge d'information cosmique atteint son niveau le plus bas depuis le début de notre voyage.

Dernière étape : 5 milliards d'années dans le passé. Cette fois, ni la Terre ni les autres planètes du système solaire n'existent encore. Qu'y avait-il alors à leur place ? Des choses toujours plus déconcertantes, toujours plus étranges, que nous allons entrevoir lors de notre prochaine exploration.

8

Vers la toute première lumière
(–5 milliards à –13,7 milliards d'années)

Le moment est venu de poursuivre notre voyage vers le mystère qui entoure l'origine, dans la nuit profonde du passé. À présent, notre horloge cosmique indique –5 milliards d'années et la jauge qui permet de mesurer l'information globale de l'Univers a encore baissé : 10^{115} bits d'informations (au lieu de 10^{120} aujourd'hui). Même si ce phénomène n'est pas facilement quantifiable, l'Univers de cette époque est plus « simple » que celui dont nous sommes aujourd'hui familiers. De nombreux systèmes solaires sont encore en train de se former tandis que le nombre d'étoiles géantes solitaires est un peu plus élevé qu'il ne l'est de nos jours. Ni le Soleil, ni la Terre, Vénus, Mars ni aucune des planètes de notre propre système solaire ne sont encore vraiment formées. À leur place, le ciel diffus est obscurci par un immense nuage de gaz et de poussières : le disque protoplanétaire. Disséminées dans l'espace noir et glacé, les étoiles brillent d'une lumière beaucoup plus ardente que celles dont nous voyons la lumière dans le ciel nocturne. De la même façon, les galaxies sont visibles jusqu'aux détails de leurs bras dont on devine les spirales comme de très fins nuages phosphorescents. D'immenses nuées de gaz et de poussières dérivent entre les étoiles rassemblées en bandes luminescentes dans la Voie lactée. À cette époque, la température du « fond spatial » est très légèrement supérieure à celle que nous connaissons de nos jours. Vers les régions centrales de la galaxie, de nombreux amas globulaires embrasent la voûte céleste. Brillant de tous leurs feux, ces jeunes étoiles bleues sont disséminées parmi des supergéantes rouges. Les amas de cette époque contiennent des dizaines de milliers d'étoiles : ils sont vingt fois plus massifs que la plupart de ceux que nous observons de nos jours. Leur lumière visible est obscurcie par de la poussière interstellaire et on voit nettement à l'œil nu les étoiles supergéantes avant qu'elles n'explosent en supernovae. Le spectacle est inouï. Dans de nombreuses régions de la jeune Voie lactée dérivent d'immenses nuages de gaz ionisés qui s'étendent sur plusieurs centaines d'années-lumière. Ils entourent d'innombrables populations d'étoiles en formation. Les masses d'hydrogène qui enveloppent les étoiles chaudes et massives sont en effet excitées par leur rayonnement ultraviolet et deviennent superbement lumineuses au moment où elles se recombinent. Une supernova, visible à l'œil nu, vient d'apparaître dans cette région particulièrement active. Son explosion donnera-t-elle naissance aux éléments lourds desquels seront faites les tables et les chaises du salon de thé Carette, place du Trocadéro ? En arrière-plan, on peut voir les résidus de la formation d'autres amas d'étoiles. En fait, au moment où les soleils de ces amas se sont allumés pour rayonner de tout leur éclat, leurs vents solaires ont soufflé la poussière et les gaz et créé tout autour une sorte de « vide pur ». À cette époque, on peut être à chaque instant le témoin de la naissance flamboyante d'un soleil : sous l'effet de l'effondrement gravitationnel et de la fantastique pression qui en résulte, la température de l'hydrogène primitif atteint le seuil critique de 15 millions de degrés : on assiste alors aux premières réactions éblouissantes de fusion dans les régions centrales de la future étoile.

Mais approchons-nous de cette région de la galaxie au sein de laquelle notre système solaire est sur le point d'apparaître. Nous voici au cœur du disque de matériaux protoplanétaires qui entoure une jeune étoile : il est sur le point de donner naissance à un cortège de planètes en orbite autour de leur soleil. Nous reconnaissons tout de suite notre système solaire : Mercure, Vénus, la Terre, Mars ou encore, beaucoup plus loin, Jupiter et les planètes géantes, sont toutes là, en pleine formation. L'immense disque de gaz, de poussières et de matériaux lourds ralentit fortement la rotation du jeune soleil qui vient de s'allumer. On a bien du mal à imaginer que cette planète encore toute jeune donnera un jour naissance à des milliards d'espèces vivantes dont au moins l'une d'entre elles deviendra consciente et, peut-être, intelligente.

Pour l'heure, l'aventure de la vie sur cette planète n'en est encore qu'à ses lointains débuts. Tout autour du jeune système solaire, le panorama cosmique est grandiose. De jeunes étoiles bleues sont disséminées parmi des supergéantes rouges qui sont sur le point d'exploser et de projeter autour d'elles les précieux éléments lourds dont seront constitués d'autres systèmes solaires. Nous reconnaissons la splendide nébuleuse de la Tarentule, située à une distance de 180 000 années-lumière : elle apparaît comme une vaste région de gaz ionisés de 1 000 années-lumière de longueur entourant une nombreuse population d'étoiles en formation situées dans les Nuages de Magellan. Les masses d'hydrogène qui entourent les étoiles chaudes et massives sont en effet ionisées par leur rayonnement ultraviolet et deviennent superbement lumineuses au moment où elles se recombinent. Un phénomène comparable illumine la nébuleuse d'Orion, même si celle-ci n'atteint qu'un centième de la taille de la Tarentule. Plusieurs supernovae visibles à l'œil nu viennent d'apparaître dans cette région particulièrement active du ciel.

⋆

Continuons notre voyage dans le temps. Nous voici maintenant à 10 milliards d'années dans le passé. À cette époque qui plonge de plus en plus loin vers les brumes incertaines du passé, l'anneau argenté qui forme la Voie lactée nous semble beaucoup plus large et nettement plus lumineux. Même si les étoiles sont moins nombreuses que de nos jours, leur luminosité est beaucoup plus vive. La plupart d'entre elles sont de couleur bleue, signe qu'elles sont très jeunes et que leur masse et leur température sont bien plus élevées que celles de notre soleil.

En ces temps reculés, notre jauge cosmique, celle qui indique le niveau global de l'information contenue dans l'Univers, atteint des niveaux de plus en plus bas.

Poursuivons notre voyage fantastique. Parmi les jeunes étoiles qui nous entourent, nous découvrons les filaments verts, jaunes et rouges concentrés sur les bords d'une nébuleuse : les débris d'une supernova projetés dans l'espace lors de son explosion.

Et au centre de cette nébuleuse se trouve un étrange objet : le noyau de l'étoile qui a explosé. C'est un pulsar. Le spectacle est étonnant. En fait, ce pulsar est une étoile à neutrons à rotation rapide, un objet qui mesure seulement 10 kilomètres mais dont la masse est plus importante que celle du Soleil. Une destination pas vraiment agréable ! Sur le sol de cet autre monde, votre poids exploserait d'un seul coup : plus de 5 000 tonnes ! Vous seriez immédiatement aplati comme une feuille de papier. Quant au paysage, à perte de vue, une sorte de glu hyperdense, composée d'une pâte compressée de ces particules élémentaires que sont les neutrons. Tandis qu'il tourne à la vitesse fantastique de 30 tours par seconde, ce pulsar émet un champ magnétique puissant qui accélère les particules et les projette dans la nébuleuse à une vitesse proche de celle de la lumière. L'éclat lumineux de couleur bleue est visible, de manière diffuse, dans les régions intérieures de la nébuleuse – lumière émise par les électrons tandis qu'ils tournent en spirale dans le champ magnétique de celle-ci – et est alimenté par le pulsar qui remodèle son environnement à la vitesse de la lumière.

Notre ascension vertigineuse vers le début de l'Univers se poursuit jusqu'à devenir de plus en plus hallucinante. Nous voici maintenant à 12 milliards d'années dans le passé. À quoi ressemble le cosmos autour de nous ? En nous approchant du centre de ce qui deviendra plus tard notre galaxie, nous découvrons un spectacle magnifique : d'immenses nuées de gaz et de poussières semblent s'embraser avant de tomber en tournoyant vers un immense trou noir. En fait, nous sommes en face d'un des premiers quasars qui vient de se former. Ces phénomènes cosmiques sont engendrés par l'existence d'un trou noir supermassif, monstre invisible tapi juste en dessous et dont la masse pourrait atteindre un milliard de fois celle de notre Soleil. Les gaz et les poussières qui tombent en direction de cet objet émettent une lumière très brillante qui illumine la galaxie tout entière : un extraordinaire geyser lumineux plus de mille milliards de fois supérieur à l'éclat d'une étoile normale. À cette époque, le jeune cosmos est embrasé par des millions de quasars. Or les trous noirs dans lesquels ils trouvent leur origine sont eux-mêmes des monstres insatiables : tapis au-dessous des quasars, ces ogres cosmiques engloutissent chaque année environ mille étoiles aussi massives que notre soleil (c'est-à-dire à peu près cent mille étoiles par siècle). Vision saisissante que forment ces millions de quasars primordiaux sous lesquels se dissimulent, à jamais invisibles, ces objets encore plus mystérieux que sont les trous noirs.

À cette époque où la place du Trocadéro, Paris, la Terre, le Soleil ou notre Voie lactée n'existeront que dans des milliards d'années, les nébuleuses occupées par des pulsars sont extrêmement dynamiques : leur structure se modifie régulièrement sous l'influence du pulsar qui remodèle l'environnement à la vitesse de la lumière.

*

Douze milliards et demi d'années avant notre époque. Cette fois, la Voie lactée n'est plus du tout distincte des innombrables nébuleuses en train de se former. À la place de ce qui deviendra beaucoup plus tard notre galaxie, il n'y a encore que des structures vagues, des filaments et des nuées plus ou moins denses de matière ordinaire, mais aussi, sans doute, de matière noire qui pourrait représenter 90 % du total. Puis, à mesure que le temps passe, ces filaments s'entrelacent, la matière semble se condenser pour se réchauffer sous l'action de la gravitation. Comme ces masses sont en rotation, elles vont former peu à peu une sorte de disque entouré d'un halo qui contient peut-être de la matière sombre exotique. Au fil des millions d'années, notre Voie lactée parviendra à émerger de ces structures gazeuses primordiales au sein desquelles les premiers astres finiront par s'allumer à leur tour. En ce temps-là, les étoiles étaient encore rares.

Notre horloge cosmique vient de sonner le premier milliard d'années. Désormais, le grand maître de l'Univers, c'est la gravitation. Dès cette époque, elle a façonné les structures à grande échelle que nous observons aujourd'hui. La jauge cosmique continue de baisser.

Encore 500 millions d'années plus tôt et le cosmos tout entier semble beaucoup plus petit qu'aujourd'hui. Nous voici un peu plus de treize milliards d'années dans le passé. Que voit-on de l'Univers à cette époque ? Pour le savoir, il suffit d'examiner les photographies qui nous ont été transmises par le télescope Hubble – une fantastique machine à photographier le passé profond. En observant le fond cosmique ultra-lointain, il nous dévoile en effet l'image de l'Univers en train de naître. En 2006, ce magnifique télescope a découvert environ 500 galaxies de petites tailles, très brillantes et de couleur bleue en raison de la formation de jeunes étoiles. Or celles-ci datent de 900 millions d'années seulement après le Big Bang. Elles se sont donc formées beaucoup plus rapidement que la théorie ne permettait de le supposer. Elles-mêmes doivent provenir de galaxies encore plus petites, existant il y a peut-être plus de 13 milliards d'années, et pas assez brillantes pour être observées avec nos moyens actuels. En fait, Hubble a mis en évidence que les toutes premières étoiles sont peut-être apparues encore plus tôt et ont été beaucoup plus actives qu'on ne l'imaginait. Ainsi, les astronomes semblent de plus en plus convaincus que l'Univers s'est littéralement embrasé du feu torrentiel des premières étoiles à peine quelques centaines de millions d'années après le Big Bang. Bien que les étoiles continuent de se former aujourd'hui dans les galaxies, le rythme actuel des naissances stellaires est négligeable eu égard à ce qui s'est produit pendant la fantastique effervescence des premiers âges de l'Univers.

Mais revenons 13 milliards 400 millions d'années dans le passé. Tout autour de nous, dans le jeune Univers, on peut voir des régions plus claires qui constituent de véritables « fenêtres » sur des amas ouverts de très jeunes étoiles en formation. Dans ces cavités, on devine nettement d'immenses piliers et volutes de poussière sombre et froide des gaz moléculaires qui n'ont pas encore été absorbés par les étoiles en train de naître. Plus visibles au premier plan, on peut également deviner quantité de jeunes étoiles bleues dont la lumière et les vents solaires sont emportés au loin vers les filaments résiduels, ainsi que les parois luminescentes de gaz et de poussières. Oubliera-t-on jamais la beauté inouïe de cette scène cosmique ? Comme des gouttes de rosée, les étoiles se forment lorsque des nuages primordiaux très épais se condensent. D'immenses geysers de couleur bleu sombre sont provoqués par l'hydrogène chaud au moment où les colonnes de gaz éjectés par les bébés stellaires entrent en collision avec le gaz froid du nuage environnant. Alors qu'il règne presque partout une nuit d'encre, des feux éblouissants s'allument l'un après l'autre au cœur des ténèbres. Ces premiers soleils du cosmos sont 100 à 1 000 fois plus massifs que le nôtre. Et ils sont des millions de fois plus lumineux. Mais en raison même de leur taille, ils vivront seulement quelques millions d'années : à peine un souffle par rapport aux 5 milliards d'années qu'a déjà vécu notre Soleil.

Il y a encore bien d'autres choses extraordinaires à découvrir dans ce très jeune Univers. Approchons de cet amas globulaire de jeunes étoiles. En son centre, nous remarquons le rayonnement périodique d'un pulsar. Et quelle n'est pas notre surprise de découvrir qu'une planète gazeuse, une planète qui ressemble à Jupiter, est en orbite autour du pulsar. Sa présence a des conséquences importantes : elle confirme que dans cet environnement primordial aucun élément lourd n'a encore été fabriqué. Le gaz est bien le seul élément disponible pour permettre à des planètes de se former : des mondes gazeux dont on pourrait dire qu'en raison de leur petite taille ils ressemblent à des « étoiles ratées », dont la masse n'est pas assez élevée pour initier les réactions de fusion thermonucléaire. Jusqu'à la découverte, en 2003, d'une géante gazeuse en orbite autour d'un pulsar, planète vieille de 13 milliards d'années, on ne soupçonnait pas qu'il pouvait exister des planètes liées à la plus ancienne génération d'étoiles et que, dès lors, elles pourraient être très nombreuses dans l'Univers.

★

À mesure que l'on remonte vers le début des temps, l'Univers poursuit sa folle contraction tandis que sa température s'élève de plus en plus. Planètes gazeuses et premières étoiles disparaissent à leur tour. Et voilà qu'au fil des millions d'années les nébuleuses primordiales se désagrègent et se fondent en un plasma incandescent de particules élémentaires. Bientôt, l'Univers a l'aspect d'une sorte de « soupe » épaisse de photons, de protons et d'électrons. Dans cet étrange mélange des tout premiers âges, on trouve des noyaux de deutérium, d'hélium et d'hydrogène.

Nous voici à environ 13 milliards 700 millions d'années dans le passé. Où est donc la Terre ? la place du Trocadéro ? ses terrasses et ses cafés ?

Nous n'en sommes pas encore pour autant à notre dernière étape du jour : celle d'un Univers qui n'était encore âgé que de 380 000 ans. Nos repères ont maintenant presque tous disparu : étoiles, nébuleuses, galaxies n'existent plus (ou plutôt : pas encore). À leur place, on découvre un immense nuage de gaz à haute température duquel naîtront, dans plusieurs centaines de millions d'années, les premières étoiles et, bien plus tard encore, les éléments lourds desquels seront faits les chiens, les chats, les voitures et les scooters qui circuleront place du Trocadéro. Loin d'être plongé dans la nuit, le fond du ciel de cette époque est désormais baigné par une sorte de brume laiteuse. Un plasma de gaz porté à la température de 3 000 degrés environ. Ce gaz chaud est constitué de particules dont la charge électrique absorbe la lumière. Et plus on remonte dans le passé, plus cette brume de gaz se contracte. À mesure que la taille du nuage primordial se réduit, il devient de plus en plus dense et de plus en plus chaud. Bientôt, des torrents de lumière aveuglants jaillissent de toutes parts jusqu'à illuminer tout l'espace. Cet extraordinaire ruissellement, véritable « feu cosmologique » des premiers âges, nous montre que nous allons bientôt atteindre la fin de notre étape : 380 000 ans après le Big Bang. Une date capitale dans la longue histoire cosmique. Il ne nous reste plus que 380 000 ans à traverser avant d'atteindre les origines, la lumière phénoménale du Big Bang. À cette époque lointaine où la tour Eiffel n'est encore qu'un rêve perdu dans le torrent des siècles, le cosmos est mille fois plus chaud et un milliard de fois plus dense qu'aujourd'hui.

Nous voici donc 13,7 milliards d'années dans le passé. En face de nous, le « bout » de notre voyage. L'Univers observable tout entier est à l'intérieur de cette sphère primordiale. Le plus difficile à comprendre, c'est que nous sommes au centre de cette sphère et que nous la voyons « de l'intérieur ». Y a-t-il quelque chose « à l'extérieur » de cette sphère ? L'espace se poursuit-il ? Nous sommes tout près de la naissance, et pourtant il nous est impossible d'observer quoi que ce soit. Le mur opaque qui se dresse devant nous, constitué d'un plasma d'hydrogène, nous interdit de voir plus loin. Cette barrière infranchissable est particulièrement frustrante, car si nous avions la possibilité de voir seulement 380 000 années-lumière au-delà de ce plasma, nous pourrions alors assister à l'origine même de l'Univers.

Pourrions-nous pour autant mieux comprendre comment l'Univers a pu passer de la singularité initiale à ce nuage d'hydrogène primordial et, plus tard encore, donner naissance aux premières étoiles, aux planètes et à de la matière vivante ?

À cet instant, notre jauge d'information indique un niveau encore jamais atteint : 10^{110} bits. Le plus bas depuis le début de notre voyage vers le passé. L'Univers est désormais d'une simplicité extrême : il se réduit pour l'essentiel à un plasma de particules élémentaires. Comme les galaxies, les étoiles, les planètes et autres objets astronomiques n'existent pas encore, le cosmos de cette époque est beaucoup moins « informé » qu'il ne l'est de nos jours.

Et pourtant, obéissant à un certain nombre de lois physiques qui guident son évolution, il semble contenir « en germe » le scénario cosmique qui va conduire jusqu'à nous. Dès lors, une dernière question se pose : l'Univers serait-il un immense système dont l'évolution conduirait inévitablement, par paliers de complexité croissante, vers de la matière vivante et consciente ? Il est par exemple troublant de constater que la position des étoiles dans leurs galaxies semble si déterminante pour augmenter les chances que la vie se développe sur des planètes en orbite autour d'elles. Car celles qui se trouvent dans les régions extérieures des bras galactiques sont jeunes et donc plus propices à la vie que les anciennes étoiles concentrées dans les régions centrales. Par ailleurs, afin que de bonnes conditions puissent être réunies afin de conduire vers la vie, il est nécessaire que la distance qui sépare la planète du centre galactique soit située dans une région où la vitesse orbitale des étoiles et celle des bras galactiques sont égales. Le Soleil, qui se situe dans "l'écosphère galactique", a croisé le bras du Sagittaire il y a 4,6 milliards d'années et abordera le bras de Persée dans 3,3 milliards d'années. Les étoiles les plus éloignées du centre galactique tournent autour de la galaxie plus lentement que les bras spiraux, et donc les croisent plus souvent. Or les étoiles placées plus près du centre tournent autour de la galaxie plus vite que les bras, ce qui fait qu'elles le croisent plus souvent. Lorsqu'une étoile croise un bras spiral, elle court plus de risques d'être la cible des radiations émanant des supernovae qui explosent, ce qui peut représenter un événement fatal.

Ces quelques exemples montrent que l'histoire de la vie sur la Terre est intimement liée à celle de l'Univers tout entier. Dès les premiers instants après le Big Bang, la matière primordiale a commencé une longue et irréversible ascension vers la complexité. Des particules les plus simples aux macromolécules et aux organismes les plus complexes, l'évolution de la matière semble obéir à un certain nombre de lois physiques qui conduisent inexorablement vers la vie. D'où la question : la vie serait-elle un phénomène global, universel et nécessaire, intimement lié à l'évolution cosmique ?

Peut-être trouverons-nous la réponse en nous approchant encore plus près de la source. Celle du Big Bang et de la naissance même de l'Univers.

9

La première seconde de l'Univers
(Première seconde après le Big Bang)

Ce que nous avons découvert au chapitre précédent nous a appris quelque chose d'étonnant : il y a eu un instant où l'Univers s'est en quelque sorte allumé. Cet événement a eu lieu environ 380 000 ans après le Big Bang. Mais avant ? À quoi ressemblait donc le cosmos ? Qu'allons-nous y trouver ? Pour le savoir, nous allons reprendre notre voyage.

Plongeons maintenant en dessous de ce que les astrophysiciens appellent la « surface de dernière diffusion » de l'Univers. Un peu comme si nous nous enfoncions sous la surface de l'eau. Notre but, c'est de remonter ainsi jusqu'à à la première minute de l'existence de l'Univers. Et même au-delà : jusqu'à la toute première seconde du temps. Une époque vraiment décisive : c'est entre la première seconde et la première minute qu'un véritable miracle s'est produit : l'apparition de la matière.

Au cours de la dernière étape de notre voyage, nous allons découvrir quelque chose de très déconcertant : l'Univers observable va rétrécir, devenir de plus en plus petit. En parlant de la taille de l'Univers observable, délimité par la distance parcourue par la lumière depuis le Big Bang, nous devrons toujours garder à l'esprit qu'en réalité l'espace-temps « continue » au-delà de l'horizon visible. Autrement dit, son rayon est bien plus grand que ce que nous pouvons voir. Mais pour éviter toute confusion, nous préférons nous en tenir à ce qui est observable.

Notre voyage reprend. D'un seul coup, nous voilà plongés dans une obscurité totale. Pour continuer à voir l'environnement dans lequel nous évoluons, il nous faut donc imaginer des lunettes spéciales. Et dès lors, tout s'éclaire : ces minuscules points brillants, ce sont des photons, des grains de lumière. Le milieu dans lequel ils circulent est tellement dense qu'ils sont sans cesse déviés, bousculés, entravés par d'autres particules de matière, notamment les électrons et les noyaux atomiques. Englués dans un véritable marécage de particules, les photons sont incapables de remplir leur mission : celle d'éclairer l'Univers qui vient de naître. Dès lors, le très jeune cosmos se trouve plongé dans une nuit totale : certes, la lumière existe encore, mais il s'agit d'une sorte de « lumière noire ».

★

10 000 ans après le Big Bang : à mesure que nous nous rapprochons du début des temps, la température augmente. Elle est passée de 3 000 à 12 000 degrés, et la densité d'énergie due à la lumière est à présent bien supérieure à celle qui provient de la matière. Ceci veut dire qu'à cette époque les maîtres de l'Univers sont bel et bien les photons. Bien avant les hommes. Avant les dinosaures. Avant les insectes, les arthropodes ou les trilobites. Beaucoup plus nombreux que toutes les autres particules, les photons interdisent toute liaison entre les noyaux de matière et les électrons. En d'autres termes, à de telles températures, les atomes ordinaires

(ceux d'hydrogène et d'hélium) ne peuvent tout simplement plus exister.

Derrière le mur de la lumière, nous ne rencontrons plus aucun atome mais seulement les éléments desquels ils sont constitués : les noyaux de ces atomes ainsi que des électrons couplés aux photons. C'est de cela seulement qu'est constitué l'Univers de cette époque.

Mais quelle est donc la source d'un tel fleuve de particules élémentaires ? Comment tout cela est-il apparu ?

1 000 ans après le Big Bang : à présent, l'Univers observable (délimité, rappelons-le, par la distance parcourue par la lumière depuis le Big Bang) continue de « rétrécir » : il ne mesure plus que dix millions de milliards de kilomètres. Sa composition n'a guère changé : un mélange d'électrons et de noyaux d'hélium, de deutérium et bien sûr d'hydrogène.

100 ans après le Big Bang : voilà que l'Univers observable devient trois fois plus petit que la distance séparant en 2009 la Terre de l'Étoile polaire. La densité augmente à tel point que dans la « soupe » de protomatière il n'y a pratiquement plus d'électrons libres : ils sont continuellement capturés par les photons.

Un an après le Big Bang : l'Univers observable se rétrécit encore. Il mesure environ 9 000 milliards de kilomètres : la distance parcourue par la lumière en un an.

Un jour après le Big Bang : la « soupe » de protomatière est de plus en plus dense. Quant au rayon de l'Univers observable, il tombe maintenant à 25 milliards de kilomètres seulement (environ quatre fois le rayon du système solaire).

Une heure après le Big Bang : à présent, la sphère cosmique ne dépasse guère 1 milliard de kilomètres. Une distance à peine plus grande que celle qui sépare en 2009 la Terre de la planète géante Jupiter. Soumis à un confinement de plus en plus grand, les noyaux d'hélium et de deutérium s'entrechoquent de plus en plus vite. Toutefois les photons ne sont pas encore assez énergétiques pour les briser.

Une demi-heure après le Big Bang : la température augmente jusqu'à 300 millions de degrés Kelvin. À cette époque, peut-on imaginer que l'Univers observable ne mesure plus que 500 millions dc kilomètres (environ trois fois la distance entre la Terre et le soleil) ?

Un quart d'heure après le Big Bang : la température dépasse maintenant les 500 millions de degrés. L'Univers observable couvre à peine 250 millions de kilomètres. Les noyaux de matière (noyaux d'hélium, de deutérium et de lithium) résistent de plus en plus difficilement à l'agitation thermique grandissante. Or un neutron solitaire (dont la durée de vie est seulement d'un quart d'heure alors que celle du proton dépasse les milliards de milliards d'années) n'est pas une particule stable. Autrement dit, les neutrons qui sont apparus à cette époque disposent d'un temps très court, un quart d'heure à peine, pour trouver un partenaire (c'est-à-dire un proton) avec lequel ils pourront fusionner et former des noyaux. Passé ce laps de temps très court, s'ils n'ont pas trouvé leur partenaire, ils vont simplement se désintégrer à jamais dans une mort solitaire.

3 minutes après le Big Bang : le cosmos tout entier (du moins, rappelons-le encore une fois, le cosmos observable) mesure à peine 60 millions de kilomètres (une distance inférieure à celle qui sépare en 2009 la Terre de Mars). La température atteint des valeurs à peine concevables : plus d'un milliard de degrés. Soumis à une telle chaleur, les noyaux de matière (essentiellement ceux d'hélium et d'hydrogène) commencent à se désagréger, à se défaire en protons et en neutrons. Ce phénomène

marque une étape décisive de notre voyage : les fondements mêmes de la matière sont désormais instables. C'est au cours de cette phase primordiale (pendant les trois premières minutes) qu'ont été produits les noyaux des atomes que l'on retrouve aujourd'hui en plus grand nombre dans l'Univers : ceux d'hydrogène (un simple proton solitaire), ceux de deutérium – ou hydrogène lourd – (un proton, un neutron) et ceux d'hélium (deux protons et deux neutrons). On a du mal à admettre qu'au moment même où nous buvons un simple verre d'eau nous avalons aussi les noyaux d'hydrogène qui ont été fabriqués dans un passé à peine imaginable : les trois premières minutes de vie de l'Univers. Aujourd'hui, ces noyaux fabriqués durant les trois premières minutes forment près de 99 % de la matière visible (la matière ordinaire) de l'Univers.

Mais pour l'heure, poursuivons notre voyage vers la première seconde.

*

1 minute après le Big Bang : à cet instant, l'horizon cosmique ne s'étend plus que sur 20 millions de kilomètres, soit à peine le quart de la distance qui nous sépare de Mars. Soumis à une température de plus en plus élevée, les photons sont à présent tellement agités qu'ils déstabilisent les noyaux de matière. Dès qu'un proton ou un électron apparaît, il est aussitôt repris et capturé par un photon : ce n'est que plus tard, au-delà de la troisième minute après le Big Bang, que l'énergie des photons finit par diminuer et que les noyaux commencent à se stabiliser. En dessous de cette première minute, l'Univers se transforme de plus en plus en une sorte de « gaz » de photons, d'électrons, de protons et de neutrons (les photons sont alors bien plus

nombreux : on en compte environ un milliard pour un seul proton). Or à l'époque, les protons sont 7 fois plus nombreux que les neutrons : c'est ce qui va permettre à l'hydrogène – dont le noyau, rappelons-le, n'est constitué qu'un d'un seul proton – de devenir plus tard l'élément le plus abondant de l'Univers : 75 % de toute la matière existante.

10 secondes après le Big Bang : l'Univers visible ne cesse de rétrécir : il ne mesure plus que 3 millions de kilomètres et sa température est maintenant de 5 milliards de degrés. Les réactions nucléaires s'enchaînent à un rythme de plus en plus frénétique : les premiers noyaux de matière se forment et se désintègrent sans cesse. Et surtout, c'est à cette époque qu'on assiste à l'annihilation des paires d'électrons et de positrons (qu'on pourrait comparer à un électron dont la charge ne serait plus négative mais positive : c'est une antiparticule).

Dès lors, dans la mesure où leurs charges sont opposées, lorsqu'un électron rencontre un positron, les deux particules s'annihilent. C'est ce qui s'est passé entre la première et la dixième seconde de l'Univers : dans un formidable déferlement d'énergie, les électrons et les positrons se sont mutuellement détruits. Or une sorte de « miracle » a eu lieu à cette époque : un électron sur un milliard a échappé à la destruction. Ainsi, à l'issue de la colossale annihilation matière-antimatière, le « gaz cosmique » originel se trouve constitué d'un infime excédent de matière : l'Univers d'aujourd'hui doit son existence à ce petit rien de matière en plus : une particule sur un milliard. Grâce à lui, les galaxies, les milliards d'étoiles, les planètes, la tour Eiffel, les voitures, les tables, les chaises, les chiens, les chats et les araignées ont pu tout simplement exister.

⋆

1 seconde après le Big Bang : l'Univers visible ne s'étend plus que sur 300 000 kilomètres, soit la distance Terre-Lune. La température dépasse à présent la valeur inimaginable de 10 milliards de degrés. Nous avons atteint un seuil critique. Car à de telles énergies, les ultimes noyaux d'hélium et de deutérium sont maintenant détruits par les photons ultra-énergétiques. C'est à la même époque que les neutrinos cessent d'interagir avec la matière pour s'en séparer définitivement : c'est l'instant connu sous le nom de « découplage faible ». C'est d'ailleurs parce qu'ils ont cessé d'interagir avec la matière que la température des neutrinos devrait être inférieure (on pense qu'elle serait de l'ordre de 2 °K) à celle du rayonnement fossile (qui est de 2,7 °K). C'est tout l'enjeu de certaines expériences actuelles : il s'agit de détecter ces fameux neutrinos émis à la première seconde dans l'espoir d'entrevoir, à travers ces véritables « archives cosmologiques », l'Univers tel qu'il était au moment même de sa naissance.

Profitons-en pour rappeler au passage que le neutrino est une particule très mystérieuse mais d'une importance extrême. D'où vient-elle ? Dans l'Univers naissant, sous certaines conditions, les neutrons se transforment en protons, ce qui entraîne l'émission d'un électron et d'un neutrino. Celui-ci est 100 000 fois plus léger que le proton, mais pour un seul proton, il existe 10 milliards de neutrinos. Rien, aucun obstacle ne peut arrêter leur course folle. Pour parvenir enfin à les stopper, il faudrait construire un mur de plomb de 9 000 milliards de kilomètres d'épaisseur ! À chaque seconde, plus de 60 millions de neutrinos traversent chaque centimètre carré de notre peau. Ils ont été émis à la première seconde de la vie de l'Univers.

Cette première seconde cosmique est donc tout à fait capitale. Car en ce temps-là, unique dans notre histoire, le cosmos n'est plus qu'un gaz d'électrons, de protons et de neutrons agités par des photons et des neutrinos. Quant à sa densité, elle est de plus en plus grande : un litre de la « soupe-Univers » pèse 400 000 kilos. Ce qui est stupéfiant, c'est que cette soupe primitive est en équilibre thermodynamique

Une quantité énorme de photons rend le rayonnement incroyablement intense. Dans cet Univers de la première seconde, tout n'est encore que pure lumière. Mais une lumière invisible, prisonnière de la matière primordiale. Et si cette première seconde est si décisive, c'est qu'à partir de là, comme nous l'avons vu plus haut, en allant vers l'avenir, va commencer ce qu'on appelle la « nucléosynthèse », c'est-à-dire la fabrication des premiers noyaux atomiques de matière (essentiellement l'hydrogène et l'hélium). Cette première seconde de l'Univers marque le tout début de la création de la matière, une phase extraordinairement brève puisqu'elle ne dure en tout et pour tout que trois minutes. Ce qui nous amène à cette stupéfiante conclusion : la folle succession d'événements qui vont se produire entre la première seconde et la troisième minute de l'Univers se trouve, en quelque sorte, entièrement « programmée » dès la première seconde. Pourquoi ? Parce que, à cette fameuse première seconde, l'Univers se trouve dans un équilibre thermique presque parfait. Or, encore une fois, tout est dans le « presque », car si la soupe primitive est bien en équilibre, il existe une particule (une seule) qui est déjà en dehors : le neutrino. Et c'est précisément ce découplage précoce du neutrino qui a permis aux bases de la matière de se constituer durant les trois premières minutes. En effet, une fois découplé, il n'a plus été en mesure d'interagir avec les nucléons, laissant le terrain libre pour la formation des noyaux au cours des trois minutes suivantes.

Nous sera-t-il possible un jour de « voir » directement cette première seconde ? Peut-être bien. Naturellement pas avec des photons, puisque aucune lumière ne peut « circuler » en deçà de l'an 380000. Mais de même que les rayons X « voient » derrière des murs, il existe des particules qui nous permettront sans doute, dans l'avenir, de remonter très tôt. En particulier, lorsque nous saurons vraiment les détecter et les utiliser, les neutrinos devraient nous permettre d'effectuer des « observations » jusqu'à la première seconde. Quant aux hypothétiques gravitons (éventuels « messagers » de la force gravitationnelle), si l'on parvient à les mettre en évidence (ce que l'on espère faire grâce aux détecteurs prochainement mis en service), alors on devrait, en principe, pouvoir remonter jusqu'au voisinage du Big Bang lui-même. En attendant ces découvertes, reste une dernière question : d'où viennent les électrons, les protons et neutrons que nous avons découverts ? D'où viennent ces grains de lumière qui ont dominé l'Univers depuis la première seconde jusqu'en l'an 380000 ?

Pour le savoir, il va nous falloir remonter encore plus tôt dans le passé de notre univers. Avant la première seconde.

10

L'ÉTINCELLE DU BIG BANG
(10^{-43} seconde après le Big Bang)

Nous venons d'émerger face au mur de Planck. À l'instant où commence le Big Bang : le plus fabuleux événement de tous les temps. Un phénomène inouï, qui ne s'est produit qu'une seule fois, et que du fond de son bureau de prévisions météorologiques, à Saint-Pétersbourg, le grand savant russe Alexander Friedmann a été le premier a oser prédire (par le calcul) dans les années vingt : l'éclair du feu primordial qui a donné naissance à tout ce qui existe. Ce jaillissement primitif a dispersé dans le néant à la vitesse de la lumière l'espace, le temps et la matière. Et il mérite bien son nom : le Big Bang !

Vous aurez sans doute du mal à le concevoir, mais cet instant explosif a bel et bien existé, il y a 137 millions de siècles. Ou encore 10^{17} secondes. C'est le fameux « instant de Planck » marquant le tout début de notre Univers. Vous pouvez aujourd'hui écouter le son de cette explosion unique dans l'histoire de l'Univers, synthétisé par le physicien John Cramer, de l'université de Washington [1]. Nous venons ainsi d'atteindre

1. « The Sound of the Big Bang », Wolfram Library Archive, 2003.

la première frontière où se trouve un début de réponse : l'espace et le temps tels que nous les connaissons commencent là.

Mais tout d'abord, que voyons-nous ? à quoi ressemble le « panorama » autour de nous ? L'Univers observable (si ce mot veut encore dire quelque chose) est maintenant d'une petitesse invraisemblable, la plus infime parcelle de réalité qui puisse exister : 10^{-33} cm. Rien ne peut être « plus petit » que cette longueur ultime dont vous avez déjà vu le nom des dizaines de fois au fil des pages : la longueur de Planck [1]. Longueur presque inexistante : 10^{-33} centimètre. Approchons-nous encore : cette échelle marque donc la frontière de notre monde physique : impossible de trouver quoi que ce soit de physique « en dessous ». Par exemple, s'il vous prend l'envie d'arracher une page de votre livre et de la déchirer ensuite en deux, puis encore en deux et ainsi de suite, au bout d'un temps assez court (quelques minutes) vous aurez atteint une limite au-delà de laquelle il ne vous sera plus possible de couper encore en deux l'ultime fragment de papier qu'il vous reste. Cette limite de la divisibilité de la matière, c'est donc la longueur de Planck. Elle marque vraiment la frontière de notre réalité physique.

Mais imaginons à présent que nous puissions nous promener sur ce mur. Qu'allons-nous y découvrir ?

Premier constat : notre horloge cosmique (qui jusqu'ici marchait encore tant bien que mal) s'est bloquée. Impossible de remonter plus tôt que le fameux 10^{-43} seconde marquant le temps de Planck. Il n'existe aucune fraction de temps plus petite : le temps réel, celui de nos horloges, commence bel et bien là.

1. C'est le nom du Prix Nobel de physique, le légendaire Max Planck, collègue et ami d'Einstein, qui l'a découverte en 1900.

Deuxième découverte : selon les calculs des experts en cosmologie quantique, il n'existe plus qu'un seul bit d'information. Un seul, en tout et pour tout. En fait, plutôt que de parler encore de bits, puisque nous sommes arrivés à la frontière du monde quantique – un monde soumis aux incertitudes de l'infiniment petit –, il est plus approprié de les remplacer par des « qubits ». À ce stade ultime, l'espace-temps est réduit à un pixel quantique, lequel encode un seul qubit. Qu'cst-cc que c'est qu'un qubit ? C'est la plus petite unité d'information quantique. Alors qu'un bit (classique par définition) ne peut se trouver que dans l'état 0 ou dans l'état 1, au contraire un qubit, lui, se trouve en général dans une superposition de ces deux états (même si l'on ne peut obtenir que 0 ou 1 après une mesure) [1]. Ces unités quantiques d'information sont utilisées dans les ordinateurs quantiques, dont la mémoire ne stocke plus des bits (comme dans votre ordinateur) mais des qubits. Justement, l'un des premiers à avoir construit l'architecture complète d'un ordinateur quantique est Seth Lloyd, dont nous vous avons déjà parlé. Encore un mot à propos de nos fameux qubits. Ce qui est particulièrement intéressant – et, vous allez le voir, nous fournit une précieuse indication sur la géométrie de l'Univers –, c'est la « mise en image » géométrique à laquelle donnent lieu les qubits. Par quelle figure géométrique l'information originelle est-elle représentée ? Là commence l'extraordinaire : par une sphère ! Celle-ci a été découverte par le physicien mathématicien Felix Bloch et elle est donc appelée « sphère de Bloch ». Il ne s'agit

1. Afin de saisir cet état de « superposition quantique », il suffit d'imaginer un dé qui roule sur une table : tant qu'il n'est pas immobilisé, le dé présente « tous ses états » numériques à l'observateur. Ce n'est qu'au moment où il cesse de rouler qu'il se réduit à un seul état numérique, celui du chiffre affiché sur sa face haute.

pas d'un objet purement abstrait, bien au contraire. Tel expert de l'information à l'échelle quantique n'a aucune crainte de s'attirer les foudres de ses pairs lorsqu'il énonce tranquillement : « La sphère de Bloch est un espace physique naturel [1]. » Le grand avantage, c'est que les états purs d'un système quantique quelconque sont facilement repérés au pôle nord et au pôle sud de la sphère de Bloch, le reste de la surface étant dévolu aux états superposés. Par ailleurs, dans le cas de l'Univers au moment du Big Bang, il est naturel que la sphère de Bloch soit dotée non pas de deux mais de trois dimensions. Or ceci a une conséquence fascinante : la sphère de Bloch peut être prolongée à des échelles plus grandes, par une sphère à trois dimensions. Et nous nous retrouvons avec le fameux bord sphérique de l'espace-temps à quatre dimensions, bord sur lequel – selon le principe holographique déjà évoqué dans l'introduction – il est possible de « lire » toutes les informations concernant l'espace-temps.

Mais revenons à notre mur de Planck. Nous ne pouvons donc trouver sur les pôles nord et sud de la sphère de Bloch que deux états possibles, correspondant à l'existence du seul qubit d'information qui puisse exister au moment du Big Bang. Que signifie un seul qubit à cet instant-là ? Tout simplement que la complexité – celle qui permet aux fauteuils des cafés du Trocadéro de tenir debout – est pratiquement inexistante à cette échelle. L'Univers n'a alors pas d'autre choix que d'être là ou… de ne pas y être ! À l'échelle de Planck, le désordre de l'Univers (c'est-à-dire son entropie) est donc minimal (en fait, inférieur à 1). Toutefois, il n'est pas nul (par opposition à l'échelle zéro où, comme

1. B. Tamir, « Universal Quantum Gates for Tensors », http://arxiv.org/PS_cache/quant-ph/pdf/0403/0403160v1.pdf.

nous allons le voir, l'entropie atteint une valeur très spéciale).

Quel « paysage » allons-nous découvrir à l'échelle de Planck ? Désormais, la dernière force libre, la gravitation, s'est fondue dans les trois autres en un magma indistinct. Les physiciens pensent en effet qu'à ce moment unique du Big Bang toutes les forces de l'Univers étaient unifiées – fondues – au sein d'une force unique : la superforce. C'est cela la fameuse supersymétrie. Une ultime perte de complexité ? On ne peut s'empêcher de penser que c'est le cas : à l'instant du Big Bang, l'Univers n'est encore qu'une informe décharge d'énergie. Rien d'autre. Plus le moindre atome de matière. Plus la moindre trace de complexité. Ce qubit unique ne recouvre donc que l'émergence de l'Univers hors du brouillard quantique. Le calcul qui a conduit à cette conclusion inattendue (un seul qubit au moment du Big Bang) a été accompli par Seth Lloyd, du MIT. En revanche, pour la première fois, nous allons toucher à cette information initiale dont nous avons parlé tout au long de notre voyage.

Enfin, troisième observation : nous pensons qu'à cette échelle si particulière l'Univers naissant est inévitablement soumis à ce qu'on appelle les « contraintes quantiques ». De quoi s'agit-il ? De l'implacable principe d'incertitude découvert, vers la fin des années vingt, par le physicien allemand Werner Heisenberg. Durant de longues années, entre 1960 et 1975, ce dernier a détaillé par lettres à notre oncle autrichien Joseph de Colloredo-Mansfeld les raisons pour lesquelles, selon lui, ce principe devait justement s'appliquer à l'Univers tout entier au moment du Big Bang. Rappelez-vous : selon ce célèbre principe, il est impossible, dans l'infiniment petit, de dire en même temps où se trouve une particule et à quelle vitesse – ou avec quelle énergie

– elle se déplace. En somme, les phénomènes quantiques sont entourés d'une sorte de *flou* irréductible. D'où cette conséquence sidérante : à l'échelle de Planck, l'espace et le temps eux-mêmes, ultimes remparts de la réalité, deviennent à leur tour flous, incertains, sont entraînés, comme tout le reste, dans un prodigieux cycle de fluctuations. Plus rien dans l'Univers primordial n'est stable et solide. Voyons tout cela de plus près.

*

Comme nous l'avons répété plus haut, l'Univers a peut-être déjà une forme au moment du Big Bang : celle d'une sphère mouvante, plus ou moins stable, à trois dimensions. C'est la fameuse sphère de Bloch que nous venons de découvrir. Mais est-ce que cette sphère à trois dimensions, présente à l'échelle de Planck pour les raisons évoquées plus haut, sera toujours là lorsque l'espace-temps aura entamé son expansion ? En d'autres termes, est ce que la « forme » de l'espace à trois dimensions – celui dans lequel nous vivons – est sphérique ? Nous tenterons de répondre plus loin en détail. Pour l'instant, retenons que l'observation du cosmos à grande échelle (notamment à travers les satellites WMAP et bientôt le satellite Planck Surveyor) semble indiquer, de manière insistante, que l'espace à trois dimensions n'est pas plat mais muni d'une courbure positive (celle d'une sphère). Nous l'avons déjà dit ailleurs : proclamer que l'Univers est plat (comme l'affirment encore une majorité d'astrophysiciens) nous paraît être aussi faux que de penser que la terre est plate. Si – comme nous l'avons fait depuis longtemps –, nous adoptons le modèle topologique le plus simple, nous n'avons pas d'autre choix que de considérer que l'espace à trois dimensions est une sphère. Or nous pensons que cette topologie de la sphère reste valide au moment du Big Bang, la sphère classique étant, comme nous l'avons vu, tout simplement prolongée par la sphère de Bloch à trois dimensions.

Rapprochons-nous maintenant de la surface de cette sphère. Elle est en perpétuel mouvement, se déforme en trous effrayants ou en incroyables pics, un peu comme un océan déchaîné. C'est une fois de plus le physicien John Wheeler qui, le premier, a comparé l'Univers natif à un « océan bouillonnant », perpétuellement traversé par des turbulences aléatoires et des distorsions telles que les notions habituelles de haut et de bas, de droite et de gauche, d'avant et d'après s'effondrent et finissent par perdre toute signification.

Qu'allons-nous trouver dans les profondeurs de cet océan primordial, fait du courant supersymétrique qui régnait à l'origine ? La plus importante des théories physiques actuelle, la théorie des cordes, nous parle d'une infinité de « cordes » qui, peut-être, vibrent de toutes parts, comme des cordes de violon. Ces filaments vibratoires de la longueur de Planck apparaissent, se croisent, font des boucles, dessinent des figures ouvertes ou fermées plus ou moins compliquées avant de disparaître soudain. Ces cordes seraient les tout premiers habitants de l'Univers (et, toujours par métaphore, les premiers « Parisiens »).

Mais pouvons-nous encore voir quelque chose autour de nous ? Hélas, il est devenu impossible de mesurer quoi que ce soit dans ce monde naissant. Impossible de trouver « là-bas » quelque chose qui nous donne une échelle de distance ou de temps. L'espace entre ce que l'on croit être des points (mais qui n'en sont pas) se distord, se déforme, s'allonge à l'infini ou s'annule sans transition. Un peu comme si la fenêtre en face de vous s'éloignait tout à coup de 10 000 kilomètres avant de revenir instantanément à quelques millimètres de votre nez. De même, le temps accélère, s'emballe, puis, brutalement, ralentit, fait machine arrière, se fige, saute d'un instant vers un autre, repart en arrière et se déforme perpétuellement. Sur l'écran de votre téléphone portable, plus rien n'est fixe : votre calendrier saute soudain au 21 juin 3015 (plus de 1 000 ans dans l'avenir) avant d'afficher l'instant suivant le 3 décembre 1995. Mais pourquoi ?

Avant de répondre, faisons le point. Désormais (malgré d'intenses batailles dans leurs rangs) tous les physiciens sont tombés à peu près d'accord : à l'époque de Planck, le temps cesse d'exister. Mais par quoi le remplacer ? Bien difficile à dire. Face au mur de Planck, la physique théorique d'aujourd'hui s'est tout simplement effondrée, incapable de réaliser la synthèse entre l'infiniment grand (décrit par la relativité) et l'infiniment petit (apanage de la mécanique quantique). Alors ? Dans cet océan d'incertitude, nous proposons pourtant une hypothèse. Une idée nouvelle, sans doute fragile, mais issue de nos travaux de thèse. De quoi s'agit-il ?

Nous pensons qu'à l'époque de Planck le temps est déformé par la courbure monstrueuse qui replie alors l'Univers sur lui-même, le réduit à une infime particule. Ce phénomène primordial est tellement puissant que, selon nous, il finit par diviser le temps en deux directions distinctes. Mais avant de vivre ce fantastique dédoublement de la dimension temporelle, posons-nous une nouvelle fois cette question : où pouvons-nous trouver encore de l'ordre au moment du Big Bang ?

En apparence, nulle part : tout n'est que zigzags désordonnés de particules autour de nous. Pourtant, ce n'est qu'une apparence. Car pour la première fois, au-dessous de la réalité visible, nous allons deviner la présence de ces fameux « moteurs mathématiques » dont nous avons parlé plus haut. Cette fois, nous avons atteint le niveau d'énergie maximal du cosmos (ou encore énergie de Planck) : 100 milliards de milliards de milliards de milliards d'électronvolts !

Mais ce n'est pas tout : la supersymétrie unifie aussi les particules véhiculaires des forces (qu'on appelle les bosons) à celles qui véhiculent la matière (qu'on nomme fermions). Donc, au sein de ce courant supersymétrique, tout ce qui compose la réalité naissante est en principe unifié. Or ce qui, selon nous, est important, c'est que déjà, dans ce flux supersymétrique du commencement du temps, des mécanismes sont à l'œuvre pour créer, progressivement, de la complexité. Quels mécanismes ? En fait, des opérateurs purement mathématiques, que les physiciens mathématiciens commencent à entrevoir. Les mieux définis de ces êtres mathématiques sont ce que les théoriciens appellent des « super-algèbres de Lie ». Contentons-nous ici d'indiquer que Sophus Lie était un important mathématicien norvégien, membre de la Société royale de Londres, à l'origine des incontournables groupes et algèbres qui portent son nom : les groupes et algèbres de Lie (des instruments merveilleux, permettant de décrire les grandes symétries physiques et qui sont à la base de nos travaux de thèse).

★

Faisons le point. Les grandes structures algébriques que nous venons d'évoquer sont indissociables de ces phénomènes que nous avons traversés à l'envers, sans même nous en rendre compte, au cours de notre voyage « sous » la première seconde : les brisures successives de symétrie. Ce sont elles qui, au début du temps, ont engendré la complexité. Autrement dit, l'apparition de quatre forces distinctes les unes des autres et, plus tard, la naissance des centaines de particules différentes à la base de la matière. Et encore une fois, ce qui compte ici, c'est qu'au moment même du Big Bang, alors que les quatre forces distinctes n'existent pas encore, encore moins les particules de matière, il y a déjà des êtres mathématiques à l'œuvre. Un peu comme cette matrice qu'est le code génétique permet à la cellule primordiale à l'origine d'un être vivant de se différencier.

Ainsi dans ce passé insondable, immensément lointain, des êtres algébriques portaient en germe dans la nuit – sans pour autant en déterminer la réalisation exacte – les contours flous, encore totalement incertains, d'une colline (celle du Trocadéro), la présence d'êtres vivants et intelligents (les êtres humains) capables de fabriquer des choses (des voitures garées devant des cafés). Lue ainsi, la phrase peut paraître purement métaphorique. Ou pis encore : absurde. Pourtant, aux chapitres suivants, nous allons tenter de mieux en comprendre la portée. Et de voir de plus près ce que pourrait être ce fameux « code » qui semble guider l'évolution de l'Univers tout entier.

Encore un mot : au cours de notre long voyage, nous sommes donc arrivés au terrible mur de Planck. Face à nous se dessine une sorte de brume noire, mouvante, impénétrable. Mais que peut-il exister au-delà ?

C'est ce que nous allons tenter de découvrir au chapitre suivant, en plongeant – c'est l'une des premières fois en science – de l'autre côté du mur de Planck.

Avant le Big Bang.

11

AVANT LE BIG BANG
(Sous le temps de Planck)

Le moment est venu. Nous allons tenter de franchir le mystérieux mur de Planck. Le monde dans lequel nous allons pénétrer est totalement ignoré. Certains le disent inconnaissable à tout jamais. D'autres le déclarent zone interdite. Il est vrai que personne ne sait à quoi ressemblait vraiment l'Univers avant le Big Bang. Les uns et les autres avancent à tâtons dans un labyrinthe de questions sans réponses : la seule façon de se frayer un chemin dans ce mystérieux dédale consiste à en éclairer les coins les plus sombres par les mathématiques. En ce qui nous concerne, nous avons suivi cette voie. Il nous a fallu plusieurs années de travail dans cette théorie récente, formalisée dans les années quatre-vingt, qu'on appelle « théorie des groupes quantiques [1] » avant de réussir à démontrer un nouveau théorème algébrique. Or nous pensons que ce résultat purement mathématique a aussi un sens physique : au-delà de ses aspects purement formels, il permet également d'entrevoir certains des phénomènes

1. Il s'agit, selon nous, des instruments algébriques les mieux adaptés à la description du monde quantique et subquantique.

qui, selon nous, ont dû exister avant le Big Bang. À l'aube des temps.

Attentifs aux pièges qui nous guettent, nous allons donc nous aventurer pas à pas dans l'inconnu. Rares sont ceux qui ont exploré (uniquement par des voies mathématiques) ce monde tellement différent : la « carte » de l'Univers primordial que nous vous invitons à découvrir est essentiellement celle que nous avons édifiée au fil de nos recherches. Elle repose seulement sur des fragments de connaissances nouvelles, des bribes d'intuitions arrachées à des abîmes d'ignorance.

★

Nous « passons » maintenant le mur de Planck, qui peut être comparé à l'horizon invisible d'un trou noir. Et instantanément, nous basculons dans ce monde totalement étranger qui représente un défi vertigineux à notre raison : ici, l'espace et le temps sont devenus curieusement élastiques, déformables à l'infini. Il n'y a plus de « haut » ni de « bas », plus de « droite » ni de « gauche » : impossible de savoir d'où nous venons ni où nous allons. Impossible d'évaluer la durée écoulée depuis que nous avons franchi le mur de Planck. Désormais présents – comme tous les êtres quantiques – à la fois partout et nulle part, nous n'existons plus à un endroit ou à un instant déterminés : nous ne sommes plus qu'une « probabilité de présence » dans tel ou tel lieu de ce très étrange Univers.

Un premier constat s'impose : le temps a cessé d'exister sous sa forme habituelle. Pourquoi ? Deux phénomènes, conjugués l'un à l'autre, peuvent expliquer cet arrêt. Tout d'abord, il y a l'énorme courbure qui règne à cette échelle. Ne l'oublions pas, cette force titanesque tord, plie et replie notre Univers des milliards de fois sur lui-même, jusqu'à le réduire en une particule élémentaire, la plus petite qui puisse exister. Or, selon nous, la force de gravitation[1] ne se contente pas d'agir sur l'espace : elle déforme également le temps. Si l'on suppose que la direction temporelle est une droite, on peut imaginer que l'immense gravitation qui règne à l'âge de Planck finit par faire basculer cette droite : elle pivote alors de 90 degrés dans une nouvelle direction – et lorsqu'une droite réelle pivote de 90 degrés dans le plan complexe, elle devient nécessairement imaginaire pure. C'est ce qui, nous le croyons, a pu se passer pour le temps avant le Big Bang : courbé par la gravitation, il a lui-même basculé dans le plan complexe pour devenir imaginaire pur.

Mais les choses ne s'arrêtent pas là. Nous avons annoncé un deuxième phénomène : l'incertitude quantique. Nous ne sommes pas les seuls à le penser : à cette échelle, rien ne peut échapper aux fluctuations quantiques qui dominent alors la réalité. Qu'est-ce que cela veut dire ? Tout naturellement ceci : à l'échelle de Planck, le temps lui-même est peut-être déformable, fluctuant. Il pourrait « hésiter » entre sa forme réelle (celle que nous connaissons) et une forme nouvelle, inconnue dans notre monde : la forme « imaginaire ». Comment décrire ce temps imaginaire ?

Prenons une image simple et représentons le temps réel par une droite : la droite des nombres réels (ce qui veut dire qu'on va simplement se servir des nombres réels pour mesurer les distances sur la droite). À partir de là, il est très simple de voir que le temps imaginaire est aussi une droite, à ceci près qu'elle est imaginaire,

1. C'est la gravitation qui « tord » l'Univers sur lui-même et le fait « plier ».

ce qui veut dire qu'on la mesure à l'aide de nombres imaginaires [1]. La suite est claire : la droite du temps imaginaire est perpendiculaire à celle du temps réel. Afin de mieux visualiser cet exemple, revenons à notre image simple du sablier. Lorsque la fiole de verre est en position verticale, le sable s'écoule du haut vers le bas et l'on peut mesurer le temps qui passe. En revanche, lorsqu'on renverse le sablier en position horizontale, le sable ne coule plus : on ne mesure plus du temps mais seulement de l'espace (la distance qui sépare les grains de sable entre eux). Dans cet exemple, le temps réel sera représenté par l'axe vertical (le sable s'écoule dans le temps du haut vers le bas) et le temps imaginaire par l'axe horizontal (le sable est immobile dans l'espace).

Or que se passe-t-il entre ces deux droites (par exemple à 45° d'inclinaison) ? Quelque chose de très intéressant : nous entrons dans ce qu'on appelle le plan complexe : le temps réel et le temps imaginaire se mélangent. Si nous inclinons notre sablier à 45°, le sable aura du mal à s'écouler : au gré des perturbations (parfois le flux sera interrompu par un bouchon avant de reprendre) il sera alors impossible de mesurer le temps de manière fiable. Le temps et l'espace vont donc se mélanger dans le sablier. Pour donner quoi ? Une nouvelle forme du temps, inconnue dans la vie de tous les jours mais très utilisée en physique : le temps *complexe*. Et c'est ce temps complexe (résultant de la superposition « quantique » du temps réel et du temps imaginaire) qui, à nos yeux, caractérise le temps avant le Big Bang.

1. Ce sont ces nombres dont le carré est toujours négatif.

Avant d'aller plus loin, mettons un peu d'ordre dans toutes ces notions pour le moins déconcertantes que nous venons de rencontrer. Il ne s'agit, bien sûr, que d'une hypothèse, mais celle-ci n'est pas arbitraire : elle découle directement du théorème mathématique dont nous avons parlé plus haut. Le temps réel, celui dans lequel nous vivons, forme avec l'espace ce qu'on appelle l'espace-temps. Pour mesurer les distances entre les points de l'espace-temps, on se sert d'un outil mathématique qu'on appelle la métrique. C'est grâce à elle que nous pouvons nous repérer dans l'espace-temps, prendre des rendez-vous, etc. Si votre ami vous attend à déjeuner dans le nouveau restaurant qu'il vient de découvrir, il devra vous faire connaître le lieu de ce restaurant (déterminé par les trois coordonnées d'espace) ainsi que l'heure fixée (déterminée par la coordonnée du temps). Première question : comment distinguer l'espace du temps ? Sur la base des travaux d'Henri Poincaré, Hermann Minkowski est parvenu à cette solution : il a placé trois signes « + » devant les trois coordonnées d'espace et un signe « – » devant la coordonnée temporelle. Ces signes correspondent à ce que les physiciens appellent la « signature » de la métrique d'espace-temps : la signature de l'espace-temps dans lequel nous vivons est lorentzienne [1], c'est-à-dire de la forme +++ –.

Reste maintenant à représenter le fameux temps imaginaire. Comment faire ? Simplement en le faisant précéder non pas du signe « – » (qui représente le temps réel) mais du signe « + ». Dans ce cas, la signature devient, comme disent les mathématiciens, « euclidienne » et prend la forme ++++. Et la suite saute aux yeux : le temps complexe (résultant de la somme du temps réel et du

---

1. Du nom du physicien Hendrik Lorentz.

temps imaginaire) peut être représenté par un mélange, une « superposition » entre le signe + et le signe – : il devient alors possible de représenter la signature de l'espace-temps complexe sous la forme +++±.

Cette idée du temps complexe nous paraît d'autant plus séduisante qu'elle débouche de manière naturelle sur ce que nous disions plus haut : avant le Big bang, il n'est plus possible de se repérer dans le temps. Or, c'est justement ce qui se produit dans le temps complexe. Pourquoi ? En raison d'une règle mathématique bien connue, il n'est tout simplement pas possible d'ordonner des nombres complexes. Autrement dit, dans le temps complexe, il n'existe pas de notions telles que « avant » ou « après ». Le temps ne s'écoule plus d'un instant vers le suivant. Le cours des événements peut se figer puis brusquement faire machine arrière : il n'existe plus de succession linéaire et ordonnée du passé vers l'avenir.

Pour revenir à notre exemple simple, lorsque notre sablier est en position horizontale, il n'est plus possible de mesurer le temps. Passé, présent et avenir sont alors confondus, mélangés, indiscernables. Une seule chose est encore mesurable : l'espace entre chaque grain de sable. Ici réside le secret de la transformation que nous avons effectuée en faisant basculer le sablier : nous avons transformé une mesure de temps en une mesure d'espace. Et dès lors, nous sommes ramenés à la définition intuitive du temps imaginaire : une nouvelle direction spatiale. S'agissant de l'espace-temps, le temps imaginaire est donc équivalent à une quatrième dimension d'espace.

Afin de parfaire notre exemple, faisons tourner le sablier sur lui-même. Dans ce cas, le sable s'écoule par à-coups, de manière discontinue : il coule, s'immobilise à l'horizontale, s'écoule à l'envers, avant de se figer à nouveau. Ni réel ni imaginaire, le temps est alors devenu complexe. Plus exactement, il fluctue entre la direction réelle et la direction imaginaire. Nous retrouvons ici notre hypothèse fondamentale : à l'échelle de Planck, le temps n'est plus fixe et déterminé mais doit être considéré comme fluctuant de manière aléatoire entre deux formes.

*

Nous nous enfonçons maintenant toujours plus loin dans les ténèbres de l'Univers avant le Big Bang. Mais notre progression est rendue de plus en plus difficile par une sorte de tempête phénoménale, un chaos de l'aube des temps, qui déforme et brise l'un après l'autre tous les fondements de la réalité. D'où vient ce chaos des premiers âges ? Essentiellement de ce que les théoriciens appellent les « fluctuations quantiques » primordiales. Cette terrifiante « tempête quantique » souffle sans fin sur l'Univers naissant, le brise en écume quantique, selon la belle expression inventée par John Wheeler.

Bien entendu, il n'existe à cette échelle plus aucune particule de matière. Plus de photons. Plus de quarks. Rien de tout cela. Que va-t-on alors trouver ? À l'entrée de l'Univers quantique, juste au moment du Big Bang, on rencontrera peut-être ce qu'en physique théorique on appelle des supercordes. Avec ces objets, on ne parlera plus de particules ponctuelles : à la place, on trouve peut-être ces minuscules filaments qui, par leurs incessantes vibrations, pourraient engendrer la matière. Peut-être. Mais selon les experts eux-mêmes, les cordes, si elles existent, se limitent au mur de Planck lui-même : on ne les trouvera jamais « en dessous » et elles ne peuvent avoir des longueurs typiques inférieures à 10^{-33} cm.

Notre idée (encore une fois, il s'agit d'une hypothèse) est que le pré-Univers est étrangement simple. Les seules choses qui restent, ce sont les constituants fondamentaux qui structurent l'espace et le temps : la métrique – souvenez-vous : sans elle vous ne seriez pas capable de vous repérer dans l'espace et dans le temps ; un rendez-vous renvoie toujours à une adresse dans l'espace (qui est définie par 3 coordonnées d'espace) et à un moment dans le temps (l'heure du rendez-vous). Dans notre hypothèse, nous avons été conduits à l'existence de deux familles de métriques. D'abord la métrique de notre monde, celle de la vie de tous les jours : la « métrique lorentzienne » qui comporte trois directions d'espace et une coordonnée de temps. Or nos calculs nous incitent à penser qu'il existe, avant le Big Bang, une autre métrique, différente de celle dans laquelle nous vivons : la métrique « euclidienne ». Comme celle de notre monde, elle est également munie de quatre dimensions. À ceci près que la quatrième coordonnée de temps réel (qui permet de fixer l'heure des rendez-vous) a été remplacée par une coordonnée de temps imaginaire : c'est-à-dire de l'espace. Toujours selon notre point de vue, ces deux familles de métriques pourraient alors être étroitement associées à des configurations élémentaires que les physiciens appellent, d'une part (pour le temps réel) les monopôles et, d'autre part (pour le temps imaginaire) les instantons [1].

---

1. Ce terme a été proposé par le Prix Nobel Gerard 't Hooft dont nous avons déjà parlé. Les monopôles sont définis par une métrique lorentzienne tandis que les instantons sont définis par une métrique euclidienne.

Comment comprendre tout ceci ? D'abord, voyons la métrique de notre espace-temps. On peut suggérer qu'elle correspond à ce qu'on appelle des monopôles. Cette particule hypothétique peut être visualisée comme une sorte d'aimant, mais avec un seul pôle. C'est le Prix Nobel Paul Dirac (l'un des fondateurs de la théorie quantique) qui, le premier, a suggéré son existence. Son raisonnement était simple : puisque la charge électrique (par exemple pour les électrons) pouvait exister sous forme de « monopôles électriques », pourquoi ne pas imaginer la même chose pour la charge magnétique ? Des années plus tard, cette idée allait être généralisée dans le cadre des théories de Grande Unification déjà évoquées plus haut, et surtout de leurs extensions dans l'état supersymétrique qui était peut-être celui de l'Univers au moment du Big Bang. Mieux encore : toujours selon les théoriciens, des monopôles dits « gravitationnels » (c'est-à-dire soumis à une gravité extrême) pourraient bien exister autour du Big Bang et y devenir très importants (c'est en tout cas ce que pensent nombre d'astrophysiciens, comme par exemple Thibaut Damour et Pierre Fayet – l'un des fondateurs de la théorie de supersymétrie évoquée plus haut [1]).

Or s'ils existent, ces monopôles gravitationnels, même s'ils sont minuscules, occupent un volume et ont donc trois dimensions d'espace : longueur, largeur et hauteur. De plus, ils existent dans le temps réel (le même que chez nous). Par conséquent, la signature de leur métrique correspond à celle de l'espace-temps habituel, c'est-à-dire +++ –. Comment se les représenter ? Un peu comme des bulles de savon teintées de

1. A. Connes, T. Damour, P. Fayet, « Aspherical Gravitational Monopôles », *Nuclear Physics B*, vol. 490, 1997.

couleur rouge et qui pourraient gonfler à mesure que le temps passe. En 1995, des physiciens de Harvard, Cumrun Vafa et Andrew Strominger (tous deux proches de Luboš Motl et qui ont souvent discuté avec lui de l'espace-temps avant le Big Bang), sont parvenus à montrer que certains problèmes non résolus (comme par exemple celui de l'origine de l'entropie – c'est-à-dire du désordre – des trous noirs) trouvaient une solution grâce à ces fameux monopôles : s'ils existent au voisinage des trous noirs, il y a de fortes chances pour qu'ils aient pu également exister en abondance au moment du Big Bang (trous noirs et longueur de Planck présentent en effet de fortes analogies).

Cette question des monopôles étant, nous l'espérons, bien comprise, tournons-nous maintenant vers une deuxième possibilité, correspondant à des objets hypothétiques existant, cette fois, dans le temps imaginaire. Ces étranges configurations ont été suggérées par nombre de physiciens et portent un nom : les « instantons gravitationnels ». Ce mot très évocateur a été forgé il y a longtemps déjà, en 1975, par Gerard 't Hooft (l'un des premiers à avoir suggéré l'existence de ces configurations de champ différentes des autres). Comme nous l'avons dit, nous avons eu la chance de poursuivre avec Gerard 't Hooft plusieurs discussions, en particulier au sujet de ces énigmatiques instantons. Comme les monopôles, ils sont dotés des trois dimensions spatiales habituelles, mais ils n'existent que dans le temps imaginaire. Comment comprendre cela ? Au lieu d'être comme nous étalés dans le temps, ils sont ponctuels. Autrement dit, ils n'existent qu'un seul instant (d'où leur nom d'instanton) avant de disparaître pour toujours. Si nous parvenions à nous introduire dans leur monde, ils nous apparaîtraient comme des sphères fixes, absolument statiques. Un peu comme des boules de cristal parcourues de reflets bleus. Bien sûr, leur signature est euclidienne et de la forme ++++.

Quelle est la réalité de tels objets, qui n'apparaissent qu'un bref instant dans notre monde avant de s'évanouir dans une sorte d'ailleurs inaccessible ? Où « vivent » donc ces étranges configurations ? S'agit-il, comme l'a suggéré Hooft, d'objets qui contiendraient du temps « gelé » ? du temps imaginaire ? Afin de tenter de décrire ces instantons gravitationnels, des physiciens de renom, comme Sidney Coleman (qui leur a consacré une monographie aujourd'hui connue dans le monde entier) ou encore Stephen Hawking (qui les a rendus très populaires dans les cercles savants et même au-delà), les ont étudiés de très près [1]. En ce qui concerne notre approche, nous pensons que les instantons sont du plus haut intérêt pour deux raisons : d'abord parce qu'ils « vivent » dans le temps imaginaire pur, et ensuite parce qu'au lieu de porter une énergie (comme les monopôles) ils portent ce que les physiciens appellent une « charge topologique », autrement dit : de l'information.

Finalement, dans cet Univers d'avant le Big Bang [2], il n'existe plus, en tout et pour tout, que deux types de « particules » : les monopôles et les instantons. Ce sont

1. Il existe un livre passionnant écrit par le physicien d'origine russe Michael Schifman : *Instantons in Gauge Theories* (World Scientific, 1994), qui décrit dans le détail toutes les propriétés fascinantes des instantons.

2. À condition, toutefois, que notre approche soit confirmée par l'observation (en particulier, celles du satellite Planck qui portent sur la topologie primordiale et la possibilité, au LHC, de tester à haute énergie l'existence d'une cinquième dimension supplémentaire).

eux les habitants de l'Univers avant le Big Bang : les premiers « Parisiens » !

★

Récapitulons : selon nous, le temps fluctue donc à l'échelle de Planck entre la direction réelle et la direction imaginaire. S'agissant des monopôles et des instantons, ces deux familles de particules se couplent et se découplent, se transforment l'une dans l'autre à un rythme frénétique. Mais chacune a son territoire. Au voisinage de la longueur de Planck, immédiatement avant et après le Big Bang, ce sont les monopôles qui dominent : les instantons sont encore rares. Ils n'apparaissent qu'à la faveur de fortes fluctuations quantiques de la courbure, qui détruisent l'enveloppe du cône de lumière de l'espace-temps. Puis peu à peu, à mesure que nous nous enfonçons vers la singularité initiale, leur nombre augmente. Nous voici à mi-chemin (bien que ce mot ait peu de sens). Nous n'avons bien sûr aucun moyen de savoir précisément où nous sommes. Mais justement, l'échelle nous est fournie par les populations respectives d'instantons et de monopôles. Car nous le constatons : à présent, il y a autant d'instantons que de monopôles. Les particules que sont les monopôles se transforment perpétuellement en pseudo-particules (c'est le nom que le physicien russe Alexander Polyakov, de l'université de Princeton, a donné en 1975 aux instantons). Et ces transformations ont, de notre point de vue, un très grand intérêt. Non seulement elles illustrent idéalement les fluctuations de la quatrième coordonnée de l'espace-temps, mais elles expriment aussi la transition d'une configuration portant l'énergie (les monopôles) vers une configuration portant l'information (les instantons). Nous reviendrons au chapitre suivant sur ce point essentiel.

En attendant, poursuivons notre descente. Nous parvenons enfin à une région où les terribles remous quantiques que nous avons traversés se sont calmés. Désormais, autour de nous, tout est d'un grand calme. Le silence. L'immobilité presque glacée. Il n'y a pratiquement plus de monopôles : seulement des instantons dont le rayon décroît à mesure que nous descendons vers la singularité initiale.

Il est difficile de le croire, mais notre voyage touche à sa fin. Tout en bas du cône de lumière dont les contours s'estompent, nous croyons voir à présent la nappe lumineuse, inouïe, de la singularité initiale de l'espace-temps.

Nous sommes à la fois émerveillés et fascinés. Qu'allons-nous trouver là-bas ? Quel est le fantastique secret du commencement ?

12

L'INSTANT ZÉRO
(0 seconde)

Voici notre toute dernière étape. Notre longue traversée est tout près de s'achever. Où se trouve maintenant notre point de départ ? Est-ce la tour Eiffel ? la place du Trocadéro dont nous sommes partis ? En fait, cette question n'a pas davantage de sens que celle qui consiste à se demander, lorsque nous tenons le DVD du film *Dangereusement vôtre* entre les mains, où se trouve la tour Eiffel à l'intérieur de laquelle Roger Moore, alias James Bond, va poursuivre Grace Jones. La tour Eiffel est bien dans le DVD, quelque part dans les sillons du disque, mais codée sous une forme inaccessible directement. De là où nous nous trouvons, près de la singularité initiale, la tour Eiffel, la place du Trocadéro sont totalement inaccessibles : elles sont « codées dans le temps imaginaire ». À cent millions de milliards de secondes dans l'avenir. Sous nos yeux monte maintenant le rayonnement pur de ce qui nous attend. Ce point unique, indescriptible, qui avait tour à tour fasciné Friedmann et hanté Einstein. Ce point marquant le zéro de l'espace et du temps : la singularité initiale de l'espace-temps.

Trois rappels avant que nous entamions notre étape la plus fascinante, la dernière plongée vers zéro.

La singularité initiale dans le modèle standard

Tout d'abord, dans ce qu'on appelle le modèle standard du Big Bang, l'existence de la singularité initiale ne fait pas le moindre doute. Elle est même inséparable de la théorie dite « FLRW » qui, aux côtés des noms des physiciens américains Robertson et Walker, porte ceux de Friedmann et de Lemaître. Dès 1933, l'abbé Lemaître avait d'ailleurs montré mathématiquement que la singularité initiale est la conséquence inéluctable de la relativité d'Einstein. Depuis, il y a eu plus : dans les années soixante-dix, deux des plus éminents physiciens actuels, dont les noms – Hawking et Penrose – sont souvent revenus dans ce livre, ont généralisé la démonstration de Lemaître et démontré ce qu'on appelle les « grands théorèmes de singularité ». Or l'un de ces théorèmes nous fournit un résultat sans ambiguïté : la singularité initiale est inévitable dans tous les modèles d'Univers.

Deuxième remarque : pour les cosmologistes, la singularité initiale correspond à l'arrêt brutal, dans le passé, de ce que l'on appelle les lignes d'Univers du fluide cosmique. Ce qui signifie l'arrêt du temps. Autre précision, importante pour la suite : dans tous les modèles d'Univers, la singularité à l'origine correspond à une situation extrême où le rayon de l'Univers (représenté par le symbole R[t], qui décrit l'évolution du rayon R en fonction du temps t) devient nul : R(t) = 0. C'est pourquoi le zéro est inévitablement associé à la singularité originelle.

Enfin, depuis des dizaines d'années, les physiciens ont fait de nombreuses tentatives pour tenter de se débarrasser de cette « monstruosité » qu'est ce point zéro qui ne fait pas partie de l'espace-temps. Mais en vain : la singularité initiale est une conséquence inéluctable de l'Univers tel qu'il est, avec ses lois. Simplement, au voisinage du mur de Planck, au moment du Big Bang et *a fortiori* avant, ces fameuses lois dans le meilleur des cas se transforment et au pire s'effondrent. Alors ? La conclusion, plutôt troublante, c'est que la singularité initiale garde tout son mystère : les physiciens, pas plus aujourd'hui qu'hier, n'ont la moindre idée de ce qu'elle est vraiment.

Dans un tel contexte, il nous semble que seule une approche purement mathématique a quelque chance de fournir des indications valides. C'est ce que nous avons proposé dans nos travaux. Nous en tirons des hypothèses nouvelles, qui peut-être peuvent déplacer les lignes de nos connaissances. En prenant toutefois notre approche pour ce qu'elle est et rien d'autre : une hypothèse dont l'essence mathématique correspond à la nature mathématique de l'objet que nous cherchons à comprendre : la singularité initiale de l'espace-temps. Mais à quoi ressemble-t-elle ? Pour en savoir un peu plus, reprenons à présent notre voyage vers le zéro.

L'instanton initial de taille zéro

Tels des plongeurs en eau profonde, imperturbablement, nous entamons une nouvelle descente. À présent, les instantons, devenus totalement stables, dominent largement le paysage. Et regardez : à mesure que nous descendons, comme pris dans un irrésistible courant, ils se mettent à converger en une étonnante spirale vers le point zéro. À mesure qu'ils se rapprochent du zéro, leur rayon diminue et ils commencent à se superposer, à se fondre les uns dans les autres. Ici, apportons une précision. Nous avons proposé cette étape en nous appuyant sur une propriété importante de ces objets existant en temps imaginaire, dégagée par les théoriciens : les instantons peuvent se condenser en un seul point. De ce fait, quelque chose d'important se produit : la densité de charge topologique – c'est-à-dire l'information – au voisinage de ce point augmente. Elle peut même devenir infinie si le nombre d'instantons tombés sur ce point est lui-même infini. Nous y reviendrons dans un instant.

Car un nouveau phénomène vient d'attirer notre attention : les instantons (tous les instantons) finissent par disparaître au sein du tout dernier (ou plutôt du tout premier) instanton présent à l'instant zéro : l'instanton gravitationnel singulier de taille zéro. Cet instanton-là, résultant de la « fusion » de tous les autres, a un rayon nul. Est-ce vraisemblable ? Il faut rappeler qu'au milieu des années quatre-vingt-dix la théorie des instantons de taille zéro a été étudiée en détail par de grands physiciens, à commencer par Edward Witten. Or, en 1995, Witten a écrit un article fondateur, intitulé « Petits instantons en théorie des cordes [1] », où il montre l'existence – et les étranges propriétés – des instantons de taille zéro. En particulier, dès les premières lignes, il se demande ce qui peut bien se passer lorsqu'« un instanton rétrécit jusqu'à la taille zéro ».

Or, dans notre approche, que signifie un instanton de taille zéro ? Essentiellement ceci : il correspond à ce que pourrait être la singularité initiale.

1. E. Witten, « Small Instantons in String Theory », *Nucl. Phys. B*, vol. 460, 1996 (http://arxiv.org/PS_cache/hep-th/pdf/9511/9511030v1.pdf).

Instanton initial et information originelle

Nous continuons de nous rapprocher de zéro. La singularité initiale devient de plus en plus sensible. Encore une dernière « distance » (dans un sens purement symbolique) à franchir et nous y voici : nous venons de toucher l'instanton initial. C'est lui qui marque le début absolu des choses. Lui qui, selon nous, pourrait contenir, en temps imaginaire, l'information indispensable à la naissance et à l'évolution de l'Univers tout entier.

Notre monde physique a désormais disparu, cédant la place à un monde de mathématiques pures. Le temps réel, lui aussi, a totalement cessé d'exister. De même que l'énergie. À la place, il n'y a plus que du temps imaginaire. De zéro jusqu'à l'infini. Et un pur état d'information. Plus exactement, le temps existe toujours à cette échelle singulière, mais au lieu d'avoir une forme réelle, il a une forme imaginaire. Un peu comme dans les sillons d'un DVD : lorsqu'il est dans sa boîte, l'histoire qu'il contient n'existe (n'est codée) que dans le temps imaginaire. En revanche, aussitôt qu'il est placé dans un lecteur, cette histoire se met à se dérouler dans le temps réel. De la même manière, on peut alors voir l'instanton singulier de taille zéro comme la source, en temps imaginaire, du « scénario » cosmologique de l'Univers. Et c'est au moment du Big Bang que ce scénario potentiel commence à se dérouler dans le temps réel. Une infinité d'événements que nous allons retrouver étalés, dans le temps, tout au long de l'histoire de l'Univers.

De l'énergie à l'information

Afin de bien comprendre ce que nous venons d'atteindre, faisons un nouveau point. Car au bout se trouve, peut-être, quelque chose comme une réponse à la question qui a traversé tout ce livre

Premier constat, plusieurs fois signalé : au point zéro, le temps réel, celui que nous connaissions « à la surface », a donc bel et bien disparu sans laisser de trace. Nous sommes à présent baignés dans un océan sans fond, sans limites, de temps imaginaire. Pourquoi affirmons-nous cela ? Justement parce que les instantons sont des objets qui n'existent que dans le temps imaginaire. Mais il y a autre chose de plus facile à saisir. En effet, ce qu'on appelle l'entropie de l'Univers (c'est-à-dire son désordre) est nulle au voisinage de l'instant zéro. De grands théoriciens, comme Roger Penrose, ont poussé très loin l'enquête sur le comportement de l'Univers au voisinage de la singularité initiale. Leur conclusion est toujours la même : sur le « point zéro » de l'espace-temps, l'entropie tombe à zéro. Or, d'un point de vue formel, une entropie nulle ne peut pas exister pour un système réel. Autrement dit, dans cette situation extrême, le temps de l'Univers n'est pas réel mais imaginaire pur : ce phénomène a déjà été établi depuis longtemps par les scientifiques.

Deuxième constatation : toute échelle de distance s'est évanouie. En principe, nous avons atteint le zéro. Mais les choses sont plus compliquées. Car lorsque le temps réel disparaît, tous les repères qui nous permettent d'établir l'échelle des objets s'évanouissent également. Nous sommes à présent immergés dans une sorte d'absolu qui n'a ni haut ni bas. Ni proximité, ni limite. L'instanton initial, comme le zéro, est à la fois un point et l'infini.

Troisième observation, la plus importante : l'énergie – celle qui se mettra à déferler en de furieux torrents à l'échelle de Planck, au moment du Big Bang – l'énergie, donc, n'existe plus du tout. Ou pas encore. Elle a totalement disparu, de même que le temps réel. Donc, contrairement à l'image habituelle proposée par les astrophysiciens, nous croyons que la singularité initiale n'est pas caractérisée par une température infinie, une courbure divergente et une énergie infinie. Tout au contraire, elle est dominée par une réalité duale de l'énergie : l'information initiale. Une fois de plus, il s'agit d'une conséquence spectaculaire engendrée par la nullité de l'entropie. C'est un fait scientifique bien connu : l'entropie et l'information sont inverses l'une de l'autre. Par conséquent, une entropie nulle signifie que la quantité d'informations du système Univers est alors maximale. L'information initiale « codée » au point zéro pourrait, par construction, atteindre une valeur infinie (même si l'information finale – sous forme de complexité – est, elle, très grande mais finie).

Ici se pose une nouvelle question : pourquoi parlons-nous d'information ?

Tout d'abord, revenons à quelque chose de connu. En mécanique quantique, l'évolution d'un système (en fait son énergie) est décrite par une équation découverte dans les années trente par le grand physicien Schrödinger. En la voyant pour la première fois, Einstein s'était enthousiasmé : « L'idée de cette équation a jailli tout droit d'un génie ! » Si un beau jour vous vous promenez dans les montagnes du Tyrol, il se peut que vous ayez la chance de tomber sur elle au détour d'un sentier : elle est gravée quelque part sur une pierre, face à la pente. Peut-être alors ne serez-vous pas stupéfait à l'idée qu'il s'agit d'une équation. Reportez-vous à un traité de physique et contemplez-la, comme s'il s'agissait d'une œuvre d'art. Au bout d'un certain temps vous prendrez conscience de sa vertigineuse beauté. Et alors vous la comprendrez.

Mais venons-en à ce qui nous occupe. Dans l'équation de Schrödinger, il existe un symbole qui représente le temps. Or, que se passe-t-il si nous y remplaçons le temps réel par le temps imaginaire ? Cette opération simple correspond à ce qu'on appelle un « prolongement analytique » : on tombe alors sur une nouvelle équation, plus ancienne que la première, mais tout aussi célèbre, appelée « *équation de la chaleur* ». L'une se déduit donc de l'autre par un passage du temps réel au temps imaginaire. Et voici l'essentiel : l'équation de la chaleur ne nous donne plus accès à une évolution en termes d'énergie mais, bien plus étrangement, en termes d'*information.* Dans nos travaux, nous avons exprimé cette étonnante correspondance entre énergie et information en partant d'une autre forme mathématique, appelée opérateur d'évolution de Heisenberg – une équation qui décrit l'évolution d'un système en temps réel. À partir de l'état d'équilibre d'un système, il est possible de retrouver la même équation, mais construite en temps imaginaire. Plus exactement, nous sommes parvenus à construire une nouvelle équation de la même forme que l'équation d'évolution de Heisenberg, mais qui décrit une évolution en temps imaginaire pur. La conclusion est alors fascinante : l'état d'équilibre idéal que représente l'échelle 0 peut être vu comme équivalant à une évolution du pré-Univers en temps imaginaire. Autrement dit, à un codage à l'instant zéro de l'information initiale. Entrons encore un peu plus dans les détails.

Densité de charge topologique et information

L'une des propriétés fondamentales de l'instanton, c'est ce qu'on appelle sa « charge topologique » : c'est là que se trouve « stockée » toute l'information qui le caractérise. Or, cette propriété est indépendante de sa taille. Vous pouvez vérifier ce point dans les milliers d'articles disponibles sur le sujet (notamment sur Internet). Autrement dit, la charge topologique – l'information – est conservée et existe toujours, même si l'instanton a un rayon nul. Et ceci a une conséquence essentielle pour ce qui est de notre instanton singulier de taille zéro.

En effet, comme nous l'avons vu, celui-ci résulte de l'accumulation en un point singulier d'une infinité d'instantons. Et cela veut donc dire deux choses. Tout d'abord, que ce que l'on va trouver sur notre instanton singulier, c'est sa charge topologique, c'est-à-dire une information initiale précieuse. Généralement, les experts considèrent que l'information la plus importante est le « nombre d'instanton ». Dans notre cas, s'agissant de l'instanton singulier qui, par construction, est unique, ce nombre est 1. Mais ici intervient un deuxième élément : comme l'instanton initial résulte de l'accumulation d'une infinité d'autres instantons, ce que les théoriciens appellent la « densité de charge topologique » atteint nécessairement une valeur infinie !

Comment comprendre cela ? Tout simplement ainsi : l'information portée par l'instanton singulier de taille zéro a nécessairement une valeur infinie. C'est ce que nous sommes parvenus à montrer, et du reste Edward Witten a apporté dans son article consacré aux instantons de taille zéro un appui indirect à cette approche. En effet, il observe ceci : « Lorsqu'un instanton rétrécit jusqu'à la taille zéro, l'espace-temps développe un tube infini dans lequel le dilaton devient infini. » Qu'est-ce que le dilaton ? Un champ primordial de type scalaire, qui agit sur le facteur d'échelle de l'Univers – autrement dit, en gros, qui peut permettre de comprendre l'expansion de l'Univers. Or le fait que l'espace-temps, selon Witten, développe un « tube infini » lorsqu'un instanton a un rayon nul débouche directement sur l'infini de la densité de charge topologique.

Par conséquent, ce qui pourrait passer pour une affirmation purement qualitative est assez facile à mesurer. Comment nous y prendre ? Simplement en revenant à la notion de densité de charge topologique. La charge topologique de chaque instanton étant caractérisée par un nombre entier (généralement 1), sa densité de charge peut être vue comme la suite infinie des nombres entiers. À partir desquels, en se dotant de lois simples, il est possible de construire tous les nombres – réels ou imaginaires.

Ici, nous pouvons suggérer une première chose. En effet, le temps peut être vu comme une suite de nombres (réels ou imaginaires). L'expansion de l'instanton initial dans ce qu'on appelle l'« espace des modules » de l'instanton peut donc donner une première idée (même rudimentaire) du changement d'échelle (nous retrouvons ici le dilaton de Witten) grâce auquel on peut décrire le commencement du flot temporel.

Mais il y a plus. Il est également possible de réécrire cette suite en langage binaire, en n'utilisant que des 0 et des 1. De construire, par exemple, ce que les mathématiciens appellent un « nombre-univers » (dans lequel on peut trouver n'importe quelle succession de chiffres de longueur finie). Et à partir de là, nous disposons potentiellement des moyens de « coder » toutes les séquences d'informations possibles et imaginables. De quoi engendrer les 10^{120} bits d'information qui, selon Seth Lloyd ou Stephen Wolfram, suffisent pour construire notre Univers tout entier. Au passage, remarquons qu'il existe un immense écart entre les grands nombres (dont certains, en effet, peuvent être immensément grands) et les nombres caractérisant le monde physique (qui, par contraste, paraissent très « petits »).

Le code cosmologique

C'est peut-être là que nous touchons au secret des choses. Au point zéro, l'énergie n'existe pas encore. À la place, nous trouvons donc une information primordiale. Ce que les mathématiciens, à la suite des travaux des spécialistes des théories dites « topologiques », appellent un « invariant topologique » (c'est en utilisant les propriétés des instantons que le mathématicien anglais Simon Donaldson a découvert ces fameux invariants topologiques, découverte pour laquelle il a obtenu la médaille Fields).

Comment comprendre cet invariant initial ? Comme une sorte d'être mathématique. Un « code » que nous proposons d'appeler le « code cosmologique ». Par construction, cet être mathématique pourrait contenir toute l'information qui, par la suite, va permettre à l'Univers d'apparaître et d'évoluer dans le temps. Un peu comme le code génétique contient toute l'information qui va permettre à un organisme vivant – plante, animal ou être humain – de se développer à partir d'une cellule unique. Si nous partons d'une suite binaire, nous pouvons en extraire n'importe quel type d'information.

En revanche, ce dont nous ne disposons pas (et que personne au monde ne peut prétendre connaître), c'est l'algorithme – c'est-à-dire la loi initiale – qui permet de « déchiffrer » ce code. Impossible de savoir sur quoi repose un tel code et à partir de quel ensemble de règles il est écrit. Néanmoins, ce que nous sommes parvenus à extraire de l'origine, du point zéro, c'est l'existence de ce qu'on appelle en mathématiques une « trace », c'est-à-dire une somme calculée sur quelque chose de très simple : le nombre d'instantons de la théorie. En l'occurrence, ici, comme nous l'avons vu, il s'agit d'un nombre infini. Or, selon nous, c'est bien cette trace qui renferme la « loi » à partir de laquelle le code cosmologique pourrait être élaboré.

Le zéro et l'infini

Ici se pose une toute dernière question : *pourquoi* va-t-on passer de zéro (la taille de l'Univers à l'instant zéro) à tout ce qui existe aujourd'hui, étalé sur des milliards d'années-lumière ? Autrement dit, quel est le « premier moteur » à partir duquel le temps va commencer sa longue course ?

Pour tenter de répondre, regardons simplement autour de nous. Nous sommes face à la singularité initiale. Que voyons-nous ? À vrai dire rien ! La singularité n'est autre qu'un point mathématique, c'est-à-dire une abstraction invisible. Auquel cas, elle peut être représentée par 0. Ce zéro dont va jaillir, des milliards d'années plus tard, notre galaxie, puis le Soleil, la Terre, les insectes géants, les dinosaures et, bien plus tard encore, la Gaule et ses millions d'habitants puis la France, Paris, la place du Trocadéro et ses cafés, le Champ-de-Mars et la tour Eiffel.

Tout est contenu dans le zéro. Tel était le rêve d'un moine inconnu, dans les brumes lointaines du Moyen Âge, au XIIe siècle, lorsqu'il écrivit le codex de Salem : « Tout nombre provient de 1 qui, à son tour, provient de 0... *Omnia ex nihilo creat, conservat et gubernat.* » En effet, ce nombre pas comme les autres qu'est 0 a des propriétés très intéressantes, que nous avons déjà mises en évidence dans d'autres ouvrages. Des propriétés vraiment uniques, qui ont fasciné le grand John von Neumann. Il avait pour habitude de répondre dans un sourire sarcastique à ceux qui se plaignaient que les mathématiques étaient incompréhensibles : « On ne comprend pas les mathématiques ! Tout au plus peut-on s'habituer à elles. »

Selon lui, le zéro permet d'engendrer (à partir d'un ensemble vide et d'une loi toute simple) tous les nombres réels. Comment ? Voici, en résumé, son raisonnement. Première étape : nous partons de 0, que nous identifions simplement à l'ensemble vide. À présent, deuxième étape, nous considérons l'ensemble qui contient cet ensemble vide. Puisque cet ensemble contient un élément, nous pouvons en déduire – c'est en tout cas ce qu'a fait John von Neumann – que nous avons engendré 1. Et le nombre 2 ? Il correspond tout naturellement aux deux entités engendrées précédemment : l'ensemble vide d'une part et l'ensemble contenant l'ensemble vide d'autre part. On le voit, il est ainsi possible de générer tous les nombres naturels et, à partir d'eux, tous les nombres réels (avec un minimum de règles). C'est peut-être cette intuition fulgurante qui amena le mathématicien allemand Leopold Kronecker (ennemi juré de cet autre mathématicien de génie qu'était Cantor) à s'exclamer un jour : « Dieu a créé les nombres entiers. L'homme a fait le reste ! » Tous les nombres réels à partir de zéro ! C'est cette étonnante possibilité qui a mis le très imaginatif John von Neumann sur la piste du premier logiciel informatique du monde, avec l'ordinateur ENIAC en 1945.

Ici, encore une question : en l'occurrence, qu'est-ce que 0 est censé contenir ? Ou plutôt, engendrer ? En fait, ce qu'on appelle le « nombre de Lloyd », soit 10^{120} bits. Selon Seth Lloyd, ce nombre correspond aussi au nombre d'opérations élémentaires effectuées par l'Univers depuis le Big Bang : à nouveau 10^{120} bits. Et combien de temps a-t-il fallu à l'Univers pour « dérouler » ce nombre ? Tout juste treize milliards sept cents millions d'années ! Mais encore une fois, à l'échelle de l'infini qu'engendre 0, le nombre de Lloyd – 10^{120} – est ridiculement petit.

Il y a aussi d'autres caractéristiques du zéro, sur lesquelles il est utile de réfléchir. Par exemple, le fait que n'importe quel nombre élevé à la puissance 0 soit 1. D'ailleurs, par extension, la meilleure convention mathématique possible concernant la valeur de 0^0 est non pas 0 ou une valeur indéterminée, mais 1 (résultat aujourd'hui adopté par la plupart des mathématiciens). De même, ce que l'on appelle la factorielle de 0 (notée 0 ! et qui, formellement, correspondrait à 0 multiplié par le nombre qui lui serait immédiatement inférieur) n'est pas 0 mais à nouveau 1. Toutes ces propriétés permettent de toucher du doigt le formidable « potentiel d'engendrement » du zéro, potentiel qui a fasciné et continue aujourd'hui de troubler nombre de mathématiciens.

Mais voici, à nos yeux, quelque chose d'encore plus important. Quelque chose que nous n'avions pas encore mis en évidence jusqu'ici. De quoi s'agit-il ? Peut-être de la plus extraordinaire propriété du zéro : ce nombre est à la fois réel et imaginaire pur. Autrement dit, il peut être vu comme complexe. Comment est-ce possible ? Simplement parce qu'il peut s'écrire $0 + 0i$. Quelles conséquences pouvons-nous tirer de ce fait mathématique tout simple ? Qu'à l'origine le zéro n'est pas fondamentalement un être stable. Il a un contenu dynamique, lié au fait qu'il oscille, fluctue, entre sa forme réelle et sa forme imaginaire pure. Et c'est peut-être là que se trouve l'origine profonde, la plus fondamentale, de ce que nous avons appelé la fluctuation quantique de la métrique originelle. La fluctuation du temps entre sa forme réelle et sa forme imaginaire pure.

Et partant, le secret du commencement du temps – l'infini – à partir du zéro.

C'est donc avec cette image-miroir un peu énigmatique – le reflet de l'infini au fond du zéro – que s'achève notre fabuleux voyage vers l'origine. Jusqu'au point zéro de l'Univers. Au commencement du temps. Mais nos aventures ne sont pas finies pour autant. Il nous reste maintenant à vous montrer que ce point si singulier n'est pas une illusion. Qu'il existe vraiment dans le torrent des siècles. Et que la face cachée du temps, sa face imaginaire, est aussi vraie que l'autre, sa face visible.

13

TOUT CELA EST-IL POSSIBLE ?

Après l'étourdissant voyage que nous venons d'effectuer, il est temps de retourner à notre époque. Et de mettre de l'ordre dans nos idées. Nous revenons de loin. De très loin. Plus de cent millions de siècles nous séparent maintenant des lieux indicibles que nous avons visités. Où étions-nous donc ? Aux confins de l'Univers. Au bord du néant. Mais quel souvenir, quelle image allez-vous garder de votre immense traversée vers les brumes originelles ? Certaines des choses que vous avez vues surgir au fil des pages et qui, peut-être, ont existé à l'aube des temps ont pu vous paraître irréelles. Ou même complètement folles. D'autant plus que si vous demandez aujourd'hui à un physicien si le temps a eu un commencement, il haussera les épaules avant de lâcher sur un ton sarcastique : « Personne n'en sait rien ! » Mais rassurez-vous : un jour, l'un des grands fondateurs de la théorie quantique, l'austère Niels Bohr, a adressé un sourire glacial à l'un de ses collègues qui lui parlait de sa dernière trouvaille : « Votre théorie est folle, mon cher, mais pas encore assez folle pour être juste ! »

Malgré tout, vous êtes quand même en droit de vous demander si la science, la physique théorique, les mathématiques sont vraiment aussi bizarres, aussi éloignées de la réalité de tous les jours que ce que vous avez pu lire ici par endroits. Soyons même plus directs : est-ce que ces hypothèses ahurissantes dont vous n'aviez peut-être jamais entendu parler jusqu'ici, cette prétendue fluctuation du temps, ces invraisemblables « instantons », cette idée finalement *insensée* d'un temps imaginaire au temps zéro, est-ce que tout cela à une chance, une sur mille, d'être vrai ?

Le graal de la physique

Pour commencer, dites-vous bien que toutes ces choses, ces idées – souvent très déconcertantes – découvertes au fil des pages se situent à l'extrême pointe de la physique théorique actuelle (ce qui veut dire qu'elles en font partie, même si vous n'en avez jamais entendu parler). Mais en même temps, le domaine qu'elles recouvrent est encore presque totalement inconnu. Les ténèbres les plus épaisses, les incertitudes les plus grandes y règnent sans partage. Au fond, on ne sait pour ainsi dire rien de ce qui s'est passé au voisinage de l'origine. Tel est le cruel rappel à la réalité lancé par Stephen Hawking : demander ce qui s'est passé avant le Big Bang revient à chercher un point qui se trouverait à un kilomètre au nord du pôle Nord ! Mais ce constat devrait vous donner de l'assurance : les scientifiques, ceux qui dans les laboratoires de physique (parfois à l'aide d'appareils gigantesques, comme le célèbre LHC, en Suisse) cherchent à percer le mystère de l'origine, n'en savent finalement pas beaucoup plus que vous. Ou plutôt : vous en savez presque autant qu'eux ! Écoutons l'un des plus brillants physiciens de notre époque. Il est américain et s'appelle Alan Guth. Il travaille au MIT et c'est lui qui, il y a une trentaine d'années déjà, a mis au point la célèbre théorie de l'inflation cosmique – souvenez-vous, la folle expansion de l'Univers juste après sa naissance. Or, comme *lâché* par ses ultimes certitudes, celui-ci répète aujourd'hui sur un ton vaguement résigné : « L'instant de la création reste dans les ténèbres. » Nous l'avons bien senti lors de notre voyage : le crépuscule tombe sur le paysage cosmique aussitôt franchie la frontière de la première seconde. Mais les vraies ténèbres, impénétrables, aveugles à toute lumière venue du dehors, commencent là où s'arrête brutalement notre réalité physique : sur le mur de Planck. Comment avancer encore, là où il n'y a plus rien de connu ? Là où les plus puissantes de nos théories – la relativité, la mécanique quantique – s'effondrent l'une après l'autre ?

Mesurant l'abîme à franchir, Isabelle Stengers, philosophe des sciences et professeur à l'université libre de Bruxelles, observe qu'il s'agit peut-être là du « graal de la physique ». Auteur avec le Prix Nobel Ilya Prigogine de plusieurs ouvrages consacrés, entre autres, à la grande question du temps en physique, Isabelle Stengers ira jusqu'à écrire dans un article publié en 2004 dans les *Annales* de l'Institut de philosophie de l'université de Bruxelles : « Les frères Bogdanov étaient bel et bien convaincus après tant d'autres qu'ils voyaient se dessiner le Graal métaphysico-mathématique dont la quête définit la gravitation quantique. »

Le graal de la physique ? En tout cas, la conviction (ou l'illusion) de frôler quelque chose de brûlant, comme un secret ultime, nous a poussés à aller de l'avant, au-delà du mur de Planck. Peut-être aussi que la dimension très mathématique de cette quête jalonnée d'équations et de calculs nous a éloignés de l'attitude générale des physiciens, pour qui, en l'absence de repères matériels, il est vain – absurde même – de s'interroger sur ce qui a pu se passer *avant* le Big Bang. Ce sont des bornes algébriques qui nous ont servi de repères.

Chemin faisant, nous nous sommes donc engagés dans les profondeurs inconnues du monde avant le Big Bang. Notre exploration a duré longtemps – plus de dix ans, de 1991 à 2002. Dix ans au cours desquels nous n'avons rien fait d'autre. Mais au bout de toutes ces années, nous pensons vraiment avoir ramené « quelque chose ».

Isabelle Stengers a parlé plus haut de la gravitation quantique. On ne devra guère s'étonner, au passage, que ce concept plutôt compliqué suscite autant de controverses : il désigne en effet une physique unifiée, une synthèse idéale entre la science de l'infiniment grand (la gravitation) et celle de l'infiniment petit (la mécanique quantique). Son objectif ? Comprendre et décrire l'espace-temps au moment même du Big Bang. Cependant, les problèmes soulevés sont tels que, en dépit de dizaines d'années d'efforts acharnés, l'unification tant convoitée n'existe toujours pas. C'est à ce stade que le jeune théoricien d'origine tchèque Luboš Motl entre en scène de manière totalement inattendue. Nous en avons déjà parlé au début de ce livre : il va jouer un rôle important dans l'évolution de nos idées sur le commencement.

Vers l'équation B

Qui est Luboš Motl ? Il se présente lui-même comme un « physicien conservateur », ce qu'il est sans aucun doute. Ses commentaires fortement critiques, parfois tranchants, à l'égard des hypothèses ne respectant pas suffisamment les règles de la physique ou des mathématiques le prouvent. Un exemple ? Au milieu d'un concert de louanges lourdement médiatisé concernant le modèle d'unification d'un physicien [1] présenté un peu trop vite comme « révolutionnaire », il a été l'un des seuls à faire entendre une voix contraire (notamment en France dans *Le Monde* avec ces mots énergiques : « une énorme farce ») !

Manifestement surdoué, il s'est rapidement imposé en remportant avec une facilité déconcertante de nombreux concours mathématiques. Dès 1997 – il n'a pas encore 24 ans – ses premiers articles en font un pionnier dans ce qu'on appelle la « théorie matricielle des cordes ». L'appellation peut effrayer, mais sachez qu'il s'agit d'une nouvelle approche mathématique, extrêmement rigoureuse, de la théorie des cordes. L'étape suivante ? C'est l'inscription en thèse à l'université Rutgers, dans le New Jersey. Sans doute le hasard a-t-il un faible rôle dans tout cela car son directeur de thèse n'est autre que Tom Banks. Léonard Susskind, l'un des géants actuels de la théorie des cordes, n'a pas hésité à dire de lui dans son dernier livre en 2006 : « Tom est l'un des penseurs les plus profonds de la physique, d'une étonnante ouverture d'esprit [2]. » Une qualité que l'on retrouve aujourd'hui chez Motl et qui lui ouvre les portes de Harvard. Il y deviendra chercheur à temps plein et professeur assistant à partir de 2004. À quoi consacre-t-il alors ses jours – et nombre de ses nuits ? À réfléchir sans

---

1. Anthony Garrett Lisi pour son article « An Exceptionally Simple Theory of Everything » (« Une théorie du tout exceptionnellement simple »), fondé sur ce qu'on appelle un groupe simple « exceptionnel ». Le problème, mis en évidence par Motl, c'est que cette théorie était incomplète, dans la mesure où elle n'incluait pas la gravitation.

2. L. Susskind, *Le Paysage cosmique. Notre univers en cacherait-il des millions d'autres ?*, Robert Laffont, 2007.

fin à des choses dont le seul énoncé peut faire frémir. Bientôt, sa maîtrise des innombrables branches de la physique théorique s'impose aux quatre coins de la planète grâce à son blog, *The Reference Frame*, l'un des rendez-vous scientifiques en ligne les plus célèbres dans le monde. Il y démontre une puissance de travail peu commune, une rapidité foudroyante qui donnent le vertige aussi bien à ses supporters qu'à ses adversaires (regroupés au sein d'une théorie adverse qu'on appelle la « gravitation quantique à boucles »). Comme son nom l'indique, il s'agit d'une tentative d'unification entre la gravitation (l'Univers à l'échelle des galaxies) et la mécanique quantique (le monde des atomes). En somme, une variante de la gravitation quantique. Mais pourquoi « à boucles » ? Parce que l'espace et le temps n'y sont pas continus (comme dans le continuum de la relativité) mais sont constitués de sortes « d'atomes ». En somme, des « boucles ».

De manière plutôt insolite, les principaux défenseurs de cette approche, comme Lee Smolin, de l'Institut Perimeter, John Baez, de l'université de Californie, ou encore Peter Woit de l'université Columbia, sont ceux qui ont attaqué le plus férocement notre approche de l'avant-Big Bang. Y voyaient-ils une menace ? Toujours est-il qu'aujourd'hui (en réalité depuis 1988, date de sa dernière avancée), la gravitation quantique à boucles fait du surplace. À dire vrai, elle résiste mal aux critiques des tenants de la théorie des cordes, l'un des plus engagés dans le combat étant Motl lui-même. En 2007, après avoir longuement expliqué sur son blog ce qu'est la gravité quantique à boucles, il a fini par asséner une conclusion qui a laissé muets ses adversaires : « Toute l'approche de la gravité quantique à boucles nous ramène (ou du moins eux, les adeptes de cette théorie) à l'époque des toutes premières religions primitives[1]. » Or, deux ans auparavant, durant l'été 2005, voici comment la trajectoire de Motl va croiser la nôtre.

Un matin de juin, sur son site, nous découvrons en effet sur nos écrans un article, publié dans l'une des nombreuses ramifications du site de l'université Harvard : *The Bogdanov Papers*. Un titre d'emblée très intrigant pour nous. Qui en était l'auteur ? Nous avions lu trois de ses articles, rien de plus. Or, à notre surprise, Motl prenait à contre-pied nos contradicteurs. Avec des arguments construits et très précis. Mieux : pour la première fois, il apportait des réponses claires à certaines questions soulevées par nos travaux. En octobre de la même année, un deuxième article plus approfondi vint prolonger le premier[2]. Motl, qui s'intéresse de très près à cette fameuse « gravité quantique » dont parle Isabelle Stengers, a surpris la communauté des physiciens (nous les premiers) avec cette affirmation pour le moins imprévue : « Les frères Bogdanov proposent quelque chose qui, d'un point de vue spéculatif, a le potentiel pour représenter une alternative à la gravité quantique[3]. »

La gravité quantique ! Cet édifice « borderline » qu'Isabelle Stengers désigne comme le « graal de la physique ». À partir de là, même si nous n'avions qu'une idée encore vague de ce qui nous attendait, au moins pouvions-nous espérer être sur la bonne route. Trois ans plus tard, en 2008, Motl publie un ouvrage entier sur la

1. L. Motl, « Loop Quantum Cosmology », *The Reference Frame*, 3 juillet 2007 (http://motls.blogspot.com/2007/07/loop-quantum-cosmology.html).

2. L. Motl, « Seriously About the Bogdanov Papers », *The Reference Frame*, 11 juin 2005 (http://motls.blogspot.com/2005/06/bogdanoff-papers.html).

3. *Ibid.*

question de l'origine [1]. Il y recense à peu près toutes les approches existantes, avec en tête, bien sûr, la théorie des cordes. Et à nouveau, au risque de hérisser certains, il conclut : « En dépit des récriminations furieuses de leurs adversaires, et malgré les doutes de beaucoup d'autres, Igor et Grichka ont bel et bien proposé une façon nouvelle de faire face à l'immense question de l'origine. »

Pourtant, le moins qu'on puisse dire, c'est que cette « nouvelle façon » de voir les choses a reçu un accueil plutôt houleux.

L'étrange affaire Bogdanov

22 octobre 2002, vers 19 heures. Une « explosion numérique » de forte puissance secoue soudain Internet. En quelques heures à peine, l'onde de choc atteint le premier *newsgroup* de physique théorique du monde, le célèbre « Science Physics Research Newsgroup ». C'était le point de départ de ce que Luboš Motl a appelé « l'étrange affaire Bogdanov ». L'un des participants actifs de ce groupe, le physicien mathématicien Arkadiusz Jadczyk, de l'Institut mathématique de Toulouse, décrit ainsi ce qu'il a observé : « Tout a commencé par une mystérieuse lettre adressée par un physicien allemand à un certain Ted Newman, célèbre scientifique américain de l'université de Pittsburgh, l'un des grands fondateurs de la théorie des trous noirs (le célèbre "trou noir de Kerr-Newman"). Or ces lignes vont mettre le feu aux poudres. À peine quelques heures plus tard, le message du physicien allemand explose dans le monde entier, en un Big Bang à vous couper le souffle [2]. »

1. L. Motl, *L'Équation Bogdanov*, *op. cit.*
2. A. Jadczyk, préface à *Avant le Big Bang*, *op. cit.*

À l'époque, la surprise pour nous – et même la stupéfaction – a été totale. Bizarrement, pendant de longues semaines, des centaines de chercheurs à travers le monde n'avaient plus qu'un seul « vrai » sujet de discussion : qu'avaient voulu dire les Bogdanov dans leurs articles ? Des milliers de courriels, des centaines d'articles, des dizaines de forums n'y ont pas suffi : le « mystère Bogdanov » restait entier.

Encore aujourd'hui, les répliques du séisme engendré par la publication de nos idées continuent de se faire sentir. C'est par exemple ce professeur d'informatique américain, Peter Woit (un grand habitué du « Science Physics Research Newsgroup »), qui consacre un chapitre entier à « l'affaire Bogdanov » dans son dernier livre [1], prenant pour cible nos édifices théoriques dans la guerre sans merci qui l'oppose aux tenants de la théorie des cordes (Motl en tête). Mais peut-on lui en vouloir ? Woit fait partie de la grande majorité de physiciens quelque peu *dépassés* par les instruments mathématiques que nous avons utilisés. Déjà, dans une lettre qu'il nous avait adressée le 27 février 2003, il tentait de se justifier : « Il est certainement possible que vous ayez obtenu des résultats nouveaux et utiles dans les groupes quantiques, mais comprendre rapidement la signification de ce que vous avez écrit et comment cela se raccorde à ce qui est déjà connu requiert une expertise que seule une poignée de gens possède dans le monde [2]. »

Trois ans plus tard, tout en déclenchant ses tirs contre la théorie des cordes, il était revenu à la charge

1. P. Woit, *Même pas fausse ! La physique renvoyée... dans ses cordes*, Dunod, 2008 (éd originale : *Not Even Wrong : The Failure of String Theory & the Continuing Challenge to Unify the Laws of Physics*, Jonathan Cape, 2006).

2. Lettre de Peter Woit du 27 février 2003.

en avouant à nouveau son incompréhension totale face au langage mathématique que nous avions adopté : « Je décidai de regarder de plus près les deux thèses. Celle de Grichka était un travail quasi impénétrable, dévolu, pour la plus grande part, à l'algèbre quantique, dont je ne suis pas particulièrement expert [1]. »

Quasi impénétrable, c'est assez vrai. Il nous a fallu des années pour comprendre ce que Woit appelle les « algèbres quantiques » (en réalité, on les appelle plutôt des « groupes quantiques »). N'est-ce pas là l'une des premières sources de la difficulté éprouvée par nombre de physiciens face à nos travaux ?

Mais il y a peut-être plus. La puissance du flot réactionnaire que nous avons déclenché un peu partout dans le monde ne pourrait-elle pas signifier qu'il y a peut-être « quelque chose » au fond de ces idées ? En 2004 a soudain surgi une rumeur très étrange, qui s'est répandue comme une traînée de poudre : si nos articles étaient incompréhensibles, c'était que nous avions monté de toutes pièces une « mystification » ! Bien entendu, pour Isabelle Stengers, cette attitude collective (assez rare en science) était le signe de tout autre chose : « Ainsi, pourquoi ne pas se demander si la rumeur de mystification n'a pas pris pour cible les frères Bogdanov précisément à cause du caractère innovateur de leurs idées, des idées que “certains” désireraient voir enterrées pour toujours [2]. » Peut-être. Toujours est-il que cette physique unifiée, fondée sur ces fameuses « idées nouvelles » soutenues dès les années trente par Einstein et Infeld dans leur ouvrage [3],

1. P. Woit, *Même pas fausse !*, *op. cit.*

2. I. Stengers, « Mésaventures du pacte antifictionnel », in *Mensonge, mauvaise foi, mystification*, *op. cit.*

3. A. Einstein, L. Infeld, *L'Évolution des idées en physique*, Flammarion, coll. « Champs », 1983.

n'existe pas encore. Mais elle est peut-être en train d'émerger lentement. Est-ce un signe avant-coureur ? Notre hypothèse de l'existence d'une ère dominée par le temps imaginaire à l'instant zéro est aujourd'hui développée par certains membres de l'école russe de physique théorique, comme Vladimir Dzhunushaliev et Ratbay Myrzakulov [1]. Sans doute la démonstration très mathématique de ces deux physiciens théoriciens n'est-elle pas immédiatement facile à suivre, mais elle débouche sur une conclusion identique à la nôtre : à l'échelle de Planck, la coordonnée du temps *fluctue* entre la direction du temps réel et celle du temps imaginaire (qui, en l'occurrence, n'est autre que la cinquième dimension de l'Univers).

Mais le plus important n'est pas là. La véritable confirmation que le temps pourrait avoir été imaginaire avant le Big Bang ne peut venir que de l'expérimentation ou de l'observation. Voyons de plus près ce qu'il en est de ce côté-là.

Face à l'expérimentation

On pourrait penser, compte tenu de l'existence du redoutable mur de Planck, qu'il sera à jamais impossible de voir quoi que ce soit avant le Big Bang. Et au sens strict, c'est tout à fait vrai : impossible d'accéder « en direct » à des phénomènes, des événements qui se situeraient « avant » cette frontière. En revanche, tout comme on peut apercevoir grâce à une caméra de surveillance l'image d'objets, de personnes ou d'événe-

1. V. Dzhunushaliev et R. Myrzakulov, « 5D Kaluza Klein Gravity : Singularity and Freezing of 5th dimension », in D.C. Moore (éd.), *Focus on Quantum Gravity Reasearch*, Nova Science Publishers, 2006, p. 47-58.

ments cachés par un mur ou une porte, il est plausible que certains éléments de ce qui existe « là-bas » nous soient accessibles par des voies indirectes. À ce sujet, voici la bonne nouvelle : le satellite d'observation du fond cosmologique, WMAP – bien qu'observant un bain de radiation situé 380 000 ans après le Big Bang –, est déjà « descendu » (par des voies indirectes) à une échelle incroyablement plus petite : un milliardième de milliardième de seconde (10^{-18} seconde) après le Big Bang ! C'est encore loin de l'instant de Planck (situé, lui, à 10^{-43} seconde), mais cette distance devrait être largement comblée par les nouveaux systèmes d'observation [1]. À cet égard, nous l'avons répété plusieurs fois : nous accordons une importance toute particulière à la mission Planck Surveyor, ce satellite d'observation astronomique qui a été lancé le 14 mai 2009 sous l'égide de l'Agence spatiale européenne et de l'Institut d'astrophysique spatiale. Sa mission ? Observer le fond cosmologique lointain, 380 000 ans à peine après le Big Bang. À la grande différence de ses prédécesseurs, les satellites COBE et WMAP (lancés en Amérique par la NASA), il sera bien plus précis. Il pourra déceler d'infimes variations de température, avec la précision d'un millionième de degré au-dessus de la température du rayonnement cosmologique fossile (2,7° au-dessus du zéro absolu). Performance sur laquelle a insisté avec enthousiasme l'astrophysicien français Jean-Loup Puget, membre de l'Académie des sciences, ancien directeur de l'Institut d'astrophysique spatiale. Nous avons eu de passionnantes discussions sur ce sujet avec lui [2]. Principal responsable d'une partie essentielle de la

1. Par exemple, le LHC au CERN.
2. Dans notre rendez-vous « Science 2 » sur France 2, chaque samedi à 18 heures.

mission Planck Surveyor, il considère qu'il va sans doute être bientôt possible de rendre compte de phénomènes tout proches de la fameuse ère de Planck [1].

À partir de la moisson d'informations promise par ce prodigieux satellite, plusieurs faits nouveaux – des choses dont on parle encore très peu – sont, selon nous, de nature à confirmer l'hypothèse que le temps a peut-être un commencement imaginaire (toujours au sens mathématique).

Il y a d'abord l'équilibre de l'Univers entier à ses débuts, au moment du Big Bang. Ce qu'on appelle l'équilibre thermodynamique. Existait-il à cette époque si lointaine ? La plupart des scientifiques pensent que oui. Mais ils en restent là. Or, nous pensons que cet équilibre primordial contient l'une des clefs mentionnées en ouverture de ce livre. Cet état unique entraîne des effets, qui touchent directement le commencement du temps. Des conséquences jusqu'ici inaperçues et que vous allez découvrir – sans doute avec étonnement – dans les chapitres qui suivent.

Mais il y a encore autre chose. En mars 2006, le dépouillement complet des données fournies par WMAP a fait apparaître une possibilité plutôt inattendue : l'espace physique à trois dimensions pourrait être doté d'une courbure très légèrement (les experts disent « marginalement ») positive. Pour vous donner une idée, un ballon a une courbure positive alors qu'une selle de vélo a une courbure négative. Or, nous croyons fermement que les prochaines observations de Planck

1. Jean-Loup Puget a confirmé cette hypothèse enthousiasmante dans notre émission « Science 2 » du 26 mai 2009 : selon lui, Planck permettra d'entrevoir ce qui s'est passé jusqu'au Big Bang lui-même.

Surveyor iront dans le sens d'une courbure positive. Si l'on adopte la solution la plus simple, la forme de l'Univers serait alors celle d'une sphère. Une sphère à trois dimensions. Mais aussi surprenant que cela puisse paraître, cette question touchant à la forme de l'Univers débouche sur une réponse toute nouvelle concernant le temps et son origine. Pourquoi ? C'est ce que nous allons voir plus loin. Avec, là encore, une révélation étonnante à la clef.

La troisième observation possible en faveur de notre modèle relève de l'existence de l'énergie noire [1]. Souvenez-vous : c'est l'un des plus grands mystères de l'Univers : une force inconnue, que personne ne comprend, et qui propulse l'Univers de plus en plus vite vers l'infini. « Franchement, nous n'y comprenons rien ! » s'exclame l'astrophysicien Craig Hogan, de l'université de Washington. « Nous ne savons absolument pas ce qu'est cette force. Et personne n'a découvert le moindre indice [2]. » Pourtant, en 1993, nos calculs nous avaient mis sur la piste de cette force qui, selon nous, devait accélérer l'expansion. Aussi avions-nous annoncé son existence en juin 1999 à l'École polytechnique, lors des soutenances de nos thèses, devant un jury pour le moins sceptique. Aujourd'hui, cette hypothèse est devenue réalité. Là encore, comme nous l'expliquerons plus loin, cette force mystérieuse, inexplicable dans le cadre des approches connues, remonte loin, très loin dans le passé. Nous pensons

1. 70 % de l'Univers serait constitué d'énergie noire. Le reste serait constitué de 25 % de matière noire, de 4 % d'hydrogène et d'hélium sous forme de gaz, de 0,5 % d'étoiles, de 0,2 % de neutrinos et de seulement 0,03 % d'éléments lourds, c'est-à-dire de planètes.

2. C. Hogan, « Your Eternal Self », *Greater Reality Publications*, 2008.

qu'elle existait déjà au temps de Planck. Et même avant le Big Bang. Elle pourrait donc constituer un indice puissant en faveur des idées nouvelles sur le commencement du temps.

Autre donnée essentielle pour nous : les expériences d'Alain Aspect, de l'Institut d'optique d'Orsay. Celles-ci portent sur ce lien très troublant qui subsiste entre deux photons apparemment séparés par une grande distance (c'est le célèbre « paradoxe EPR », mis en évidence en 1935 par Einstein et deux autres physiciens, Podolski et Rosen). Au cours de l'été 1981, nous avons assisté à ces expériences fascinantes et nous les avons même longuement filmées pour notre émission « Temps X ». À cette occasion, nous avons pu observer un phénomène stupéfiant : alors que les deux photons étaient manifestement séparés (par une distance de douze mètres), en réalité ils continuaient d'être liés par une sorte de « communication instantanée » ! Comment expliquer un tel phénomène, l'un des grands mystères de la mécanique quantique ? Par où circule donc (à une vitesse infinie) l'interaction qui relie les deux particules ? En avril 2009, nous avons retrouvé celui qui a été à l'origine de l'« expérience d'Aspect » : le physicien théoricien Bernard d'Espagnat. Dans les années cinquante, il a travaillé avec les grands fondateurs de la théorie quantique, comme le Prix Nobel Enrico Fermi ou encore le légendaire Niels Bohr (lui aussi Prix Nobel, en 1922, l'année après Einstein). L'expérience qu'il a imaginée dans les années soixante-dix avec John Bell, du CERN – et qu'Alain Aspect a menée à bien –, est aujourd'hui complétée par celles du physicien autrichien Anton Zellinger et de plusieurs autres expérimentateurs. Elles portent cette fois sur ce qu'on appelle la « téléportation » (ou transfert instantané d'information d'une particule à une autre). Quel rapport avec le commencement du temps ? Vous le verrez plus loin : la réponse est pour le moins surprenante. Ces phénomènes s'inscrivent d'ailleurs dans la famille de cet autre effet fondamental en physique quantique qu'on appelle l'« effet tunnel ». Là encore, nous y reviendrons, tant le lien avec notre mystérieux temps imaginaire est important.

Enfin, une dernière confirmation possible des idées que vous avez découvertes dans ce livre : ce qui pourrait se passer à l'intérieur de l'objet le plus mystérieux de tout l'Univers, le trou noir. Vous allez le voir, un secret fascinant nous attend tout au fond.

★

Les différentes observations ou expériences mentionnées ci-dessus renvoient dans chaque cas à une réalité précise, dont la théorie est généralement très solide et la vérification expérimentale bien maîtrisée (à l'exception des trous noirs). Toutefois, dans tous les cas, la communauté scientifique reste perplexe : comment interpréter de tels phénomènes ? Les réponses sont loin de faire l'unanimité et, plus ou moins rapidement selon les cas, elles finissent par déboucher sur des mystères. Et quels mystères ! Les plus fondamentaux de tout l'Univers. La suite de notre ouvrage vous aidera à mieux comprendre certaines de ces énigmes, bien sûr, mais aussi vous apportera un début de réponse à cette question : pourquoi le temps a-t-il eu un commencement ? Que s'est-il passé à l'instant zéro pour que la prodigieuse horloge universelle se mette en mouvement ?

La toute première réponse, nous allons partir la chercher sur le terrain. En effet, nous revenons de la nuit des temps. Et avant de nous interroger plus systématiquement, plus scientifiquement sur la nature profonde de tout ce que nous avons vu, posons-nous une question presque naïve : est-ce que tout ce que nous avons découvert « là-bas », dans les brumes du passé, pourrait encore exister aujourd'hui, sur un autre plan ? Ces gens que nous avons croisés, ces événements dont nous avons été les témoins, tout cela s'est-il dissipé dans le néant ? Ou bien est-ce encore présent « quelque part », dans un ailleurs que nous ne pouvons pas atteindre mais qui, toutefois, existerait bel et bien ?

14

LE PASSÉ PEUT-IL ENCORE EXISTER ?

Le passé. Des millions de siècles. Des milliards d'événements, immenses ou insignifiants. La naissance de notre Soleil, il y a près de cinq milliards d'années. Mais aussi votre naissance à vous. Le moment où vous avez ouvert ce livre pour la première fois. Une infinité d'autres choses. Ces choses, on les appelle des « événements » dans la théorie d'Einstein. Tous sont situés à l'intérieur du « cône de lumière cosmologique », un immense cône à quatre dimensions, dont l'enveloppe est apparue avec le Big Bang mais dont le sommet, évanescent, perdu dans les brumes noires qui régnaient derrière le mur de Planck, se confond avec la singularité initiale. La théorie d'Einstein nous le dit : l'histoire de tous les événements se déroule le long de « lignes d'Univers » à l'intérieur du cône. Mais dans ce cas, jusqu'à quel point tous ces événements visibles le long des lignes d'Univers existent-ils encore ? Édith Piaf qui a chanté sur le Champ-de-Mars dans les années soixante, Eiffel qui inaugure fièrement sa tour en 1889, La Fontaine qui aimait à se promener sur la colline du Trocadéro, où sont-ils ? Réfléchissez : vous venez de lire ces lignes. Une seconde vient de s'écouler. Le temps d'y penser et en voilà une autre. Puis une autre encore. Et inexorablement, sans que rien y fasse, le moment où vous venez de lire la ligne qui précède recule lentement, s'enfonce dans le passé de plus en plus loin.

Ce moment ne reviendra jamais plus.

Mais encore une fois : où est-il donc maintenant ? Où ?

Le passé existe-t-il encore ? Le futur existe-t-il déjà ?

Une fois de plus, vous allez découvrir quelque chose qui va sans doute vous étonner. En effet, comme le répète le physicien Paul Davies dans son petit livre *Comment construire une machine à explorer le temps* [1], les physiciens pensent que tous les temps – passé, présent et futur – *coexistent* au sein d'une réalité temporelle unifiée, qui s'étend comme un paysage. Cette idée, évidemment très troublante, peut heurter le bon sens : comment le passé et le futur pourraient-ils donc exister *en même temps* que le présent ? Comment concevoir que ces événements qui ont fait partie de votre vie, ces choses qui ont existé lorsque vous étiez enfant – votre premier Noël, le jour où vous avez appris à faire de la bicyclette – comment admettre que tout cela existe encore bel et bien « quelque part » ?

Pour peu que vous poussiez un physicien théoricien dans ses retranchements, il finira par admettre qu'à ses yeux la distinction entre le passé, le présent et le futur n'a pas de véritable signification physique. Cette réponse honorable découle directement de la relativité : tout comme l'espace, le temps fait lui aussi partie d'un continuum : l'espace-temps. C'est pourquoi, vers la fin de sa vie, Einstein avait fini par se persuader que le

1. P. Davies, *Comment construire une machine à explorer le temps ?*, EDP Sciences, 2007.

temps était une illusion et que les événements du passé ne disparaissaient jamais, qu'ils continuaient « d'être là ». Le témoignage le plus expressif de sa conviction survint à la disparition de son ancien camarade à l'École polytechnique de Zurich et ami de toujours, le physicien Michelangelo Besso. Voici ce qu'il écrivit à sa famille en 1955 : « Nous autres physiciens croyons que la séparation entre passé, présent et futur est seulement une illusion, quoiqu'elle soit tenace [1]. »

Trois ans plus tôt, en 1952, dans son merveilleux petit livre sobrement intitulé *La Relativité*, Einstein avait déjà abordé cette même idée par un coup d'éclat : « Puisque dans cette structure à quatre dimensions [l'espace-temps] il n'existe plus de section qui représente objectivement le présent, les notions de passé et de futur, sans être totalement disqualifiées, deviennent toutefois moins claires. Par conséquent, il apparaît plus naturel de penser la réalité physique comme un tout existant en quatre dimensions plutôt que sous la forme d'un objet à trois dimensions soumis à une évolution, comme cela a été le cas jusqu'ici [2]. »

La réalité physique comme un tout ? Peut-être bien. Mais à condition d'appréhender ce tout non pas en temps réel mais dans un temps autre : le temps imaginaire. Dans ce cas, parfaitement maîtrisable du point de vue mathématique, nous sommes conduits à une saisie purement topologique du temps, ce qui nous permet de le « voir » dans sa totalité. Et d'imaginer de possibles déplacements d'un point à un autre de cette totalité euclidienne où tous les événements du temps réel (qu'ils soient passés ou à venir) coexistent bel et

---

1. Lettre à Michelangelo Besso, 21 mars 1955.

2. A. Einstein, *La Relativité*, Payot, coll. « Petite bibliothèque Payot », 2001.

bien, comme des lieux-dits sur une carte géographique. Simplement, puisque nous décrivons le paysage en temps imaginaire, au lieu d'être des événements séparés par du temps réel, nous avons cette fois affaire à des « pseudo-événements » séparés par des distances dans l'espace. C'est tout le sens – et la puissance conceptuelle – que l'on peut dégager de cette nouvelle approche développée par Edward Witten depuis 1988 : la « théorie topologique des champs ». Vous avez reconnu ici le mot « topologie » (qui vient de *topos*, lieu). Vous le savez, c'est la science des formes. Par exemple, la topologie d'un ballon est différente de celle du pneu de votre voiture. Or, la topologie est indépendante du temps : le ballon d'hier sera aussi un ballon aujourd'hui et il ne se transformera pas en pneu demain (sa topologie ne change pas avec le temps). En généralisant cette importante propriété, la théorie topologique des champs nous a donc permis d'entrevoir un début de solution pour l'origine de l'espace-temps. Selon nous, la singularité initiale ne change pas avec le temps. C'est pourquoi nous avons proposé de la décrire (dans le cadre de la théorie topologique des champs) grâce à un invariant, un « indice » (comme disent les mathématiciens), que nous avons appelé l'« indice de singularité ».

De même, en suivant un chemin de pensée qui débouche sur les nouveaux degrés de liberté propres à cette théorie fascinante, il devient possible d'accéder à une lecture topologique des événements (qui d'ailleurs cessent d'être des événements mais deviennent des points en temps imaginaire). Et dans ce cas l'on commence à comprendre pourquoi Einstein affirme que le temps est une illusion. L'un des meilleurs experts français de la relativité, le physicien théoricien Thibault Damour, membre de l'Académie des sciences, professeur au prestigieux Institut des hautes études scientifiques, parvient en ligne droite à cette même conclusion dans un ouvrage consacré à Einstein [1] et à sa fameuse théorie. De manière tranchée, il y énonce que la seule interprétation possible est la suivante : « Le temps n'existe pas », partant du point de vue que l'écoulement du temps est une illusion. Dans un entretien réalisé en 2003, il va encore plus loin en assénant sans détours : « Le message aujourd'hui oublié de la théorie d'Einstein, c'est que le temps est une illusion, si tenace soit-elle. Croire que l'Univers a 13 milliards d'années, qu'il y a un passé, un présent et un futur n'est pas confirmé par la structure mathématique de la théorie d'Einstein. Celle-ci nous dit qu'il faut voir les choses dans l'espace-temps qui est un bloc. Le futur existe autant que le passé et le présent. Si les gens comprennent ce message de la physique moderne, ils pourront avoir une conception différente de leur vie [2]. »

Venant de celui qui a renouvelé la gravitation relativiste grâce à de nouveaux tests expérimentaux, l'affirmation est de poids. Et à de quoi ébranler. Mais, dans le droit fil des convictions d'Einstein, tout ceci peut sereinement vous amener à votre tour à concevoir comment les événements cités dans notre voyage – notre marchande de journaux, la visite de la tour Eiffel par la princesse Margaret dans les années cinquante, la visite de l'Exposition universelle de 1900 par Edison tout comme, bien plus loin dans le gouffre du temps, l'ahurissante présence des dinosaures sur la colline du

1. T. Damour, *Si Einstein m'était conté*, Paris, Cherche Midi, 2005.

2. T. Damour, « La matière est légère, le temps une illusion », entretiens dans *Sud-Ouest*, 29 décembre 2003.

Trocadéro –, comment tout cela, donc, est « encore là », existant bel et bien derrière les brumes du passé.

Le problème de Fermi

Prenons maintenant un tout autre angle, plus familier, pour « sentir » la persistance des choses du passé. S'agissant de l'époque la plus lointaine, le Big Bang, environ un photon sur dix que vous voyez scintiller sur votre écran de télévision lorsqu'il n'y a pas d'images a été émis durant l'immense flash originel. Après s'être séparés des particules de matière, 380 000 ans plus tard, ces photons du commencement ont continué leur course folle dans le vide (à 300 000 km/s) pendant plus de 13 milliards d'années avant d'atterrir sur votre téléviseur.

Autre exemple ? Chaque fois que vous avalez un verre d'eau, vous ingurgitez des noyaux d'atomes d'hydrogène qui ont été fabriqués dans la fournaise inconcevable des trois premières minutes de l'Univers. Et plus jamais après.

Mais il y a encore plus étonnant. Un phénomène qui a beaucoup tracassé le Prix Nobel de physique 1938, Enrico Fermi. Il aimait par-dessus tout donner à ses élèves des problèmes paradoxaux, nécessitant peu de calculs mais une bonne dose de réflexion. L'un de ces casse-tête est aujourd'hui connu sous le nom de « théorème du dernier souffle de César ». De quoi s'agit-il ? D'un calcul plutôt stupéfiant, apportant selon Fermi (et le célèbre physicien anglais James Jeans) la « preuve » que nous inspirons tous au moins une particule d'air expirée par César au moment de son assassinat par Brutus ! Dans son *Introduction à la théorie cinétique des gaz*, publiée en 1940, Jeans prend même le soin de préciser : « Il y a des chances pour qu'il y ait dans les poumons de chacun d'entre nous environ cinq molécules du dernier souffle de Jules César. »

En étendant le même raisonnement, Fermi soulignait avec le plus grand sérieux – preuve mathématique à l'appui – qu'à chaque instant nous respirions des atomes qui étaient passés par les narines des tyrannosaures, 100 millions d'années plus tôt.

⋆

Le moment est maintenant venu de franchir un nouveau cap. Car ce qui est en question, c'est une fois de plus la réalité des toutes dernières étapes de notre voyage. Jusqu'à la première seconde après le Big Bang, pratiquement tous les physiciens de la planète sont tombés à peu près d'accord. Mais lorsqu'on arrive à l'instant du Big Bang et, pis encore, *avant*, les choses se compliquent brutalement. Décrire le monde à l'échelle de Planck est difficile. Très difficile. Nous avons eu souvent l'occasion de discuter de cette difficulté essentielle avec le mathématicien Shahn Majid, alors que nous préparions notre thèse sous son contrôle pour la partie mathématique. Dans son excellent ouvrage *On Space and Time*, celui-ci a publié un article du philosophe Michael Heller, membre de l'Académie pontificale de théologie. Heller y avoue sa grande perplexité face au mur de Planck : « Nombre de théoriciens pensent qu'à l'échelle de Planck l'espace-temps ordinaire se dissout en quelque chose de plus fondamental, que les événements ponctuels disparaissent et que la relation entre ce qui est "local" et ce qui est "global" est remplacée par un nouveau cadre structural[1]. » Quel est donc ce nouveau cadre ? Il n'existe pas vraiment de réponse. Chaque jour, depuis des dizaines d'années, ces théories de pointe que sont la gravité quantique ou la théorie des cordes subissent des échecs retentissants. Si bien que finalement nous ne savons pratiquement rien de ce qui s'est passé à cette époque inimaginable. Alors ? Pourquoi ce que nous avons décrit dans les dernières étapes de notre voyage serait-il plus vrai que le reste ? Le temps se met-il vraiment à fluctuer avant le Big Bang ? Devient-il imaginaire à l'instant zéro ?

Nous n'allons pas éviter de répondre, tout au contraire. Mais avant, il nous faut bien comprendre ce que nous cherchons à établir. Quelque chose que les physiciens théoriciens d'aujourd'hui commencent à peine à envisager, mais dont nous croyons qu'ils seront conduits à accepter l'existence un jour ou l'autre. Cette chose, c'est tout simplement la *cinquième dimension* : la dimension du temps imaginaire.

1. M. Heller, « When physics meets metaphysics », in *On Space and Time*, *op. cit.*

15

LA CINQUIÈME DIMENSION

Bienvenue à tous dans la cinquième dimension !

À ce point de notre livre, vous savez tous, bien sûr, ce qu'est la quatrième dimension : tout simplement le temps. Et la cinquième ? Là aussi, la réponse est simple : c'est encore le temps ! Mais attention : au lieu d'être réel, le temps de la cinquième dimension est imaginaire. Souvenez-vous-en pour la suite : la cinquième dimension et le temps imaginaire sont une seule et même chose.

Par un beau jour de juillet 1938, Einstein, en compagnie de Peter Bergmann, vient de publier un important article dans le volume 39 des très sélectives *Annales de mathématiques*. Or, on peut y lire en introduction la proposition qui suit, franchement surprenante d'audace : « Nous allons montrer qu'il est possible d'assigner une réalité à la cinquième dimension sans entrer en contradiction avec les caractéristiques à quatre dimensions du continuum physique. »

À partir de là, il devient possible d'ouvrir de nouvelles portes. De nous demander quelle est la nature de cette cinquième dimension. Pour cela, nous vous proposons tout de suite de la découvrir plus en détail. Afin de mieux comprendre ce qu'elle est. Et comment les scientifiques, aujourd'hui, l'utilisent dans leurs calculs. Ceci va sans aucun doute vous aider dans votre recherche du commencement du temps. Car d'une manière très insolite, peut-être bien que la cinquième dimension du temps imaginaire a précédé la quatrième, celle du temps réel.

Qu'est-ce qu'une dimension ?

Commençons par des choses toutes simples : qu'est-ce qu'une dimension ? Pour aller au plus court, disons qu'il s'agit du nombre de directions indépendantes les unes des autres le long desquelles il est possible de se déplacer. Combien notre univers a-t-il de dimensions ? Regardez autour de vous : si vous n'êtes pas dehors, la pièce dans laquelle vous vous trouvez en ce moment possède (comme toutes les pièces du monde) un sol et des murs. Maintenant, faites quelques pas sur votre droite, en direction de la porte : vous venez de vous déplacer dans la première dimension. Un quart de tour à gauche et vous voilà dans la seconde dimension (perpendiculaire à la première). Enfin, prenez l'escalier au fond du couloir : d'un seul coup, vous passez dans la troisième dimension (cette fois perpendiculaire aux deux autres).

Mais à partir de là, nous est-il possible d'aller au-delà ? De nous rendre dans une quatrième dimension ?

À la découverte de la 4e dimension

Autant le dire sans détour : avant la grande révolution scientifique des années 1900, l'idée folle de « quatrième dimension » était tout simplement inconcevable pour les hommes de science. Un exemple ? Celui du mathématicien anglais John Wallis, l'un des fondateurs de la très sélective Royal Society de Londres. En plein XVIIe siècle, il invente le fameux « huit couché », symbolisant aujourd'hui l'infini dans le monde entier. Or ce grand savant n'a jamais perdu une occasion de répéter à qui voulait l'entendre, bouillant de colère, que la quatrième dimension était une « absurdité », un « monstre de la nature, plus impossible encore qu'une chimère ou qu'un centaure ». On en était encore à l'image forgée par Newton, selon laquelle l'Univers n'avait que trois dimensions. Et le temps ? C'était quelque chose d'absolu, qui n'avait rien à voir avec une dimension. Lorsque courageusement un siècle plus tard – avec une admirable intuition – d'Alembert ose écrire dans sa célèbre encyclopédie (à la rubrique « dimension ») qu'« on pourrait cependant regarder la durée comme une quatrième dimension », il déclenche la fureur des académies, jusqu'à voir son ouvrage condamné par le pape Clément XIII. Et les choses en étaient encore là au début du XXe siècle. Pour preuve, l'un des astronomes les plus influents de cette époque, le grand Eddington – lui qui, pourtant, a apporté en 1922 la preuve expérimentale que la relativité générale d'Einstein était juste –, Eddington donc n'a pas hésité à écrire : « Quel que soit le succès de la théorie de l'univers à quatre dimensions, il est difficile de ne pas entendre une voix intérieure qui murmure : "Au fond de toi-même, tu sais que la quatrième dimension est une absurdité [1]." »

1. Voir E. Kasner et J. Newman, *Les Mathématiques et l'Imagination*, trad. française, Payot, 1950.

Et pourtant…

Ne sentez-vous pas qu'il existe, en plus des trois dimensions habituelles, quelque chose d'autre ? une dimension de plus ? Elle n'est sans doute pas « visible », comme les trois autres, mais ça ne l'empêche pas d'être là. À tel point que le grand écrivain anglais Herbert George Wells a pu écrire en 1895, dans son roman aujourd'hui mythique *La Machine à explorer le temps* : « Tout corps réel doit s'étendre dans quatre directions. Il doit avoir Longueur, Largeur, Épaisseur, et… Durée. Mais par une infirmité naturelle de la chair, que je vous expliquerai dans un moment, nous inclinons à négliger ce fait. Il y a en réalité quatre dimensions : trois que nous appelons les trois plans de l'Espace, et une quatrième : le Temps. »

Depuis votre plus tendre enfance, vous savez à quel point cette quatrième dimension de notre réalité est *différente* des trois autres. Alors que vous pouvez dessiner une flèche dans l'espace pour vous diriger, pas question d'en faire autant dans le temps. À l'intérieur de votre salon, vous pouvez tranquillement aller et venir à gauche comme à droite, accélérer ou ralentir, faire trois pas en avant ou deux en arrière. En toute liberté. Mais dans le temps, les choses ne se passent pas comme ça : le « voyage » existe, certes, mais il est à sens unique, sans qu'à première vue vous puissiez agir sur la vitesse ou sur la direction. Impossible d'accélérer, de ralentir ou de revenir en arrière. Du moins en apparence. En réalité, les choses sont bien plus étonnantes.

Mystères dans la 4e dimension

En ce moment même circulent autour de vous à la vitesse effarante de 300 000 kilomètres par seconde des milliards et des milliards de grains de lumière : les photons. Et d'emblée surgit l'un des premiers mystères de la 4e dimension : pour un photon, le temps *ne s'écoule pas* ! Autrement dit, quelle que soit la distance qu'il traverse, il part et arrive à destination « en même temps ». Ce qui veut dire que pour la lumière, il ne s'est pas écoulé une seule minute, une seule seconde, depuis le Big Bang ! Autre exemple, plus frappant encore : en 1949, Richard Feynman, Prix Nobel de physique, l'un des théoriciens (et pédagogues) les plus influents du XXe siècle, publie un article retentissant sur l'antimatière dans lequel on peut lire cette phrase pour le moins surprenante : « Dans cette solution, les « états d'énergie négative » apparaissent sous une forme qui peut être décrite comme des ondes dans l'espace-temps voyageant en arrière dans le temps, loin du potentiel externe [1]. » Des ondes voyageant dans le passé ! Venant de Feynman, l'affirmation a de quoi ébranler. Du reste il est finalement revenu sur ses propos, déclarant qu'il s'agissait là d'un « effet » purement mathématique.

Est-ce tout ? Non, bien sûr. Comme vous le savez, Einstein a montré que le temps est élastique, qu'il se déforme, se dilate ou se contracte. Chose étonnante, lorsque vous courez, le temps s'écoule moins vite pour vous que si vous restez immobile. Autre bizarrerie débusquée par Einstein : si vous habitez au rez-de-chaussée, vous vieillirez un peu moins vite que votre voisin qui vit au dernier étage ! Pure théorie ? Pas du tout : la différence entre les temps indiqués par des horloges au sommet et au pied d'un immeuble a été mesurée expérimentalement et existe bel et bien. Autre exemple : si vous décidez d'atterrir à la surface d'une

1. R. Feynman, *Phys. Rev.*, n° 76, 1949.

de ces étoiles très condensées que sont les étoiles à neutrons, le temps s'écoulera alors deux fois moins vite « là-bas » que sur terre ! (Pour vous, à peine une journée se sera écoulée sur votre étoile à neutrons, alors que sur terre, c'est presque une semaine qui aura filé !)

Tous ces phénomènes de distorsion temporelle sont expliqués depuis longtemps par la relativité générale. En gros, contentons-nous de rappeler que l'écoulement du temps dans un lieu est dépendant de la force de gravitation qui s'y exerce. Plus celle-ci est élevée, plus le temps ralentit. Et vice versa. Sans doute commencez-vous ici à percevoir la nature profondément déroutante, voire incompréhensible, du temps. Mais il y a bien plus troublant encore.

En 1937, un jeune physicien néerlandais, Willem Jacob van Stockum, stupéfie ses collègues en publiant un article très inhabituel. Dans celui-ci on pouvait trouver la toute première solution exacte des équations de la relativité générale, débouchant sur l'existence possible de ce que l'on appelle des « courbes du genre temps fermées ». De quoi s'agit-il ? De l'un des phénomènes les plus curieux de la relativité. En substance, cela signifie que la « ligne d'Univers » (ou trajectoire dans l'espace-temps) d'une particule – ou de n'importe quel autre objet – s'est refermée sur elle-même. Or dans un tel cas, en suivant sa propre ligne, l'objet en question finit inéluctablement par revenir à son point de départ : non seulement dans l'espace, mais aussi dans le temps. Autrement dit, il retourne dans son propre passé !

Cette hypothèse plutôt insolite a immédiatement été prise très au sérieux. À tel point qu'en 1949 le mathématicien autrichien Kurt Gödel (le plus grand logicien depuis Aristote, selon John von Neumann) propose un curieux modèle d'Univers tournant, dérivé des équations de la relativité générale. Sa géométrie est si extrême qu'elle contient des trajectoires « fermées », inconcevables dans notre Univers : le voyage dans le passé y devient alors possible ! Pour obtenir cette conséquence fracassante, il a donc suffit à Gödel de considérer que son Univers était en rotation. Très bref, l'article était en principe destiné à honorer Einstein auquel le mathématicien était lié par une amitié légendaire. Mais très vite, à la faveur de son retentissement, les choses étaient allées plus loin : chaque matin, les deux savants partaient côte à côte vers l'Institut des sciences avancées de Princeton et chaque soir, c'est ensemble qu'ils en revenaient. Sur la fin de sa vie, Einstein avait d'ailleurs confié au grand économiste théoricien Oskar Morgentstern (inventeur de la théorie des jeux et ami de Gödel) que s'il continuait d'aller chaque jour à son bureau, c'était surtout pour avoir le plaisir de bavarder – en allemand – sur le chemin avec Gödel. Ils discutaient souvent du fameux article (qu'Einstein avait salué tout en rejetant ses conclusions), et ceci les avait peu à peu attirés vers un sujet presque unique, qui les absorbait jusqu'à l'obsession : la nature profonde du temps.

Nous venons de découvrir quelques-uns des secrets de la quatrième dimension. Mais nous n'allons pas nous arrêter là. En effet, réfléchissez : ne vous serait-il pas possible d'aller encore « au-delà » ? De vous aventurer, tel un magicien, dans un inaccessible envers de la réalité, jusqu'à ce que vous soyez de plain-pied dans une cinquième dimension (ou direction) de l'espace, perpendiculaire aux trois autres en même temps ?

La cinquième dimension

Où chercher la cinquième dimension de notre Univers ? Si les choses étaient simples, elle pourrait être « là », tout à côté de nous, à peine décalée, et il suffirait d'y faire un saut pour la voir se déplier d'un seul coup devant nous. Hélas !... Si l'on met de côté le temps, votre exploration se limitera pour toujours aux trois dimensions d'espace qui vous entourent. Vous aurez beau regarder autour de vous, jamais vos yeux ne pourront voir une direction nouvelle, qui plongerait « ailleurs » dans le vide qui vous entoure. Pourquoi une telle limite ? Parce que, étant « seulement » un être à trois dimensions, vous ne pouvez voir avec vos yeux que des objets en trois dimensions. En revanche, si vous viviez dans quatre dimensions d'espace, alors vous pourriez voir le monde en quatre dimensions (en somme, quelque chose comme de la « stéréovision »). Dès lors, vous seriez capables de réaliser des exploits très étranges, comme – entre mille autres choses – voir *en même temps* les six faces d'une valise ou encore simultanément l'avant, l'arrière et le toit de votre maison.

Que nous dit la physique ? Que la cinquième dimension est une hypothétique dimension supplémentaire d'espace, située au-delà des trois dimensions spatiales et de la dimension temporelle que nous connaissons. Au début des années vingt – au moment où Friedmann découvre l'expansion de l'Univers – un mathématicien allemand, Theodor Kaluza, et un physicien suédois, Oskar Klein, montrent que l'unification entre la gravité et la force électromagnétique ne peut être véritablement réalisée que dans une cinquième dimension. Après quelques réticences, cette idée totalement inhabituelle, à rebours de toutes nos intuitions, a finalement été adoptée avec enthousiasme par Einstein. En compagnie d'un de ses collègues, le physicien mathématicien Peter Bergmann, il a écrit en 1938 dans la célèbre revue *Annals of Mathematics* : « Nous devons donc prendre très au sérieux l'existence de la cinquième dimension, même si nous ne sommes pas confortés en cela par l'expérience [...] Nous avons montré qu'il est possible d'assigner une réalité à la cinquième coordonnée sans entrer en contradiction avec les caractéristiques du continuum physique à quatre dimensions. »

De fait, aujourd'hui, les physiciens commencent à prendre « très au sérieux » la réalité de la cinquième dimension – autrement dit, du temps imaginaire. Au passage, précisons que dans les approches physiques actuelles, le temps imaginaire constitue bien une cinquième dimension. Pourquoi ? Parce que, comme nous l'avons déjà précisé, le temps imaginaire est équivalent à une coordonnée supplémentaire d'espace. Or, dans le modèle de Kaluza et Klein, la dimension supplémentaire est également une dimension spatiale. Par conséquent, à la lumière de la physique théorique d'aujourd'hui, le temps imaginaire doit bel et bien être vu comme une cinquième dimension de l'Univers.

Bien sûr, si elle existe, elle pourrait expliquer l'énorme différence d'intensité entre la force de gravitation et les trois autres forces. Le fait que la gravitation soit des milliards de milliards de fois plus faible que tout ce qui existe comme force dans l'Univers aurait-il un lien avec la cinquième dimension ? C'est en tout cas l'avis de deux théoriciens américains dont le modèle d'Univers à cinq dimensions a fait couler beaucoup d'encre ces dernières années : Lisa Randall, du MIT, et Raman Sundrum, de l'université Johns Hopkins. Écoutons Lisa Randall : « Dans notre théorie, il existe trois dimensions d'espace et une dimension de temps que nous pouvons voir ; mais il existe en plus une dimension supplémentaire d'espace, que nous ne voyons pas. Nous ne sommes pas sensibles à cette cinquième dimension [1]. »

Ce qui, dans l'esprit de Lisa Randall et d'un nombre grandissant de scientifiques, ne veut pas dire que la cinquième dimension n'existe pas. Bien au contraire. D'ailleurs, les uns et les autres (nous y compris) attendent beaucoup des expériences qui, dans les mois et les années à venir, seront lancées au LHC.

Le principe holographique

Mais il est possible d'aller encore plus loin et de relier la notion de temps imaginaire à celle d'information. C'est un pas sans doute délicat mais dont les retombées promettent d'être fantastiques. Et c'est la démarche qu'a adoptée Gerard 't Hooft. Nous avons eu la chance d'en discuter plusieurs fois avec lui vers le milieu des années quatre-vingt-dix. Comme nous le rappelons dans l'introduction, nous avions formulé en 1991 deux idées nouvelles : d'une part la présence d'un « pré-Univers » à cinq dimensions à l'échelle de Planck et, d'autre part, l'existence d'un *bord* à notre espace-temps sous la forme d'une sphère à trois dimensions. En effet, notre Univers ayant quatre dimensions, son bord en a nécessairement une de moins, ce qui nous donne trois dimensions d'espace pour le bord de notre Univers. Mais il y a encore une autre façon de voir les choses. Et c'est ce qu'à fait Gerard 't Hooft en 1993.

1. http://archive.sciencewatch.com/july-aug2001/sw_july-aug2001_page3.htm.

Nous voici donc au début des années quatre-vingt-dix. Le grand physicien vient d'élaborer (avec, un peu plus tard, le concours du théoricien des cordes Leonard Susskind) un principe aujourd'hui célèbre sous le nom de « principe holographique » (comme un hologramme). Depuis 1997 (en raison d'une percée théorique effectuée par Juan Maldacena, un jeune physicien d'origine argentine) l'approche révolutionnaire de Gerard 't Hooft et Susskind est au cœur de nombreuses discussions. Comment la résumer ? Étrangement, elle rappelle le mythe de la caverne, proposé par Platon dans *La République* : « La réalité pourrait n'être rien d'autre que des ombres projetées. » Voyons de plus près ce qu'il en est.

Le principe holographique repose sur une idée profonde : les événements physiques qui se déroulent dans l'espace-temps à quatre dimensions dans lequel nous vivons ne sont, en réalité, que la projection de phénomènes qui se déroulent dans un Univers à cinq dimensions. Ce qui signifie que pour « voir » ces phénomènes, nous devons entrer dans la cinquième dimension. En bref, notre Univers ne serait que l'« hologramme » de cet espace à cinq dimensions. Pour prendre un exemple simple, les scènes filmées en trois dimensions n'apparaissent sur l'écran qu'en deux dimensions (la troisième n'étant qu'une illusion). Mais ces deux dimensions contiennent toutes les informations qui suscitent l'illusion d'un monde à trois dimensions. Finalement, tout comme un hologramme à deux dimensions encode les informations correspondant à l'objet réel existant en trois dimensions, cet hologramme à quatre dimensions qu'est ici l'espace-temps détient et encode toute l'information qui détermine la structure et l'évolution de l'espace à cinq dimensions. Un peu comme si toute l'information qui caractérise la pièce où vous vous trouvez en ce moment était localisée sur les murs de cette pièce (c'est-à-dire sur des surfaces et non dans un volume). Cette idée étonnante est aujourd'hui intensément discutée dans le cadre de ce qu'on appelle en théorie des cordes « la théorie M », ou encore – appellation plutôt énigmatique – la « correspondance ADS/CFT ». Celle-ci a été démontrée en 1997 par un jeune théoricien de Princeton, expert en théorie des cordes, Juan Maldacena. Surtout, elle a acquis une grande crédibilité après qu'en 1998 le célèbre Edward Witten en ait construit une formulation mathématique rigoureuse. Ne soyez pas effrayé par ces abréviations mystérieuses : vous allez les comprendre dans un instant. Et dites-vous qu'avec cette fameuse correspondance – analysée chaque jour par les plus grands théoriciens de notre temps, Prix Nobel ou médailles Fields, les Witten, 't Hooft, Hawking, Bekenstein et autres – vous êtes parvenus au cœur de ce qui existe de plus avancé (et aussi de plus profond) en physique théorique aujourd'hui. Tout d'abord, que veut dire ADS ? Ces trois lettres sont les initiales de l'expression anglaise « Anti-De Sitter », du nom de l'astronome et mathématicien néerlandais Willem de Sitter. Fasciné par la relativité générale, il a longuement travaillé avec Einstein et dès 1917, il a tiré des équations relativistes une solution aujourd'hui connue sous le nom de « espace de Sitter » (et dont l'espace anti-de Sitter dont il est question ici est une variante). Retenons simplement que l'espace anti-de Sitter est plongé dans un espace à cinq dimensions, avec trois dimensions d'espace et deux dimensions de temps (c'est le fait que cet espace possède cinq dimensions qui est essentiel pour la suite).

À présent, que veut dire CFT ? Toujours en anglais, « Conformal Field Theory », ce qui veut dire « théorie des champs conforme ». La seule chose importante à retenir ici est qu'il s'agit d'une théorie des champs (sans gravitation) en quatre dimensions. Et nous voici donc rendus à notre fameuse correspondance ADS/CFT : une dualité aujourd'hui clairement établie entre un espace à cinq dimensions (la partie ADS) et l'espace-temps à quatre dimensions (la partic CFT).

Ici, nous retrouvons une composante de notre idée de 1991 : l'existence d'une correspondance entre notre espace-temps à quatre dimensions et, « au-dessus » un espace à cinq dimensions. Avec, tout de même, une différence importante : notre espace à cinq dimensions est de type « de Sitter » (DS et non pas ADS, anti-de Sitter). Qu'est-ce que cela veut dire ? Que dans notre modèle, la cinquième dimension est une dimension supplémentaire d'espace (et non pas une dimension temporelle de plus). Notre Univers à cinq dimensions a donc quatre dimensions d'espace et une dimension de temps. Or, le modèle de Gerard 't Hooft débouche sur un nouveau point important. En effet, formulés tels quels, nos travaux entraînent de manière naturelle une nouvelle correspondance – autre que celle déjà dégagée – entre un Univers à cinq dimensions (dont le temps fluctue entre le temps réel et le temps imaginaire) et deux bords possibles à quatre dimensions : le premier est l'espace-temps ordinaire (trois dimensions d'espace, une dimension de temps) et le second est à quatre dimensions spatiales – c'est l'instanton que nous avons déjà rencontré lors de notre voyage. Et ici émerge ce qui pourrait bien être l'un des « miracles » de la physique mathématique : l'instanton à quatre dimensions encode toute l'information qui va déterminer le contenu et l'évolution de l'espace à cinq dimensions (celui qui, peut-être, existait entre l'instant zéro et l'instant de Planck). L'application du principe holographique semble donc renforcer notre point de vue : à l'instant zéro, existant dans le temps imaginaire, l'instanton singulier détient toute l'information qui va permettre à l'Univers, après le Big Bang, d'évoluer.

Nous avons discuté de cette nouvelle correspondance possible avec Luboš Motl. Bien sûr, il ne s'agit que d'une proposition de travail et de rien d'autre. Cependant, il nous a encouragés à l'approfondir. Selon lui : « Votre idée de considérer la correspondance ADS/CFT en différentes signatures est clairement légitime – et sous-étudiée. Différentes continuations des espaces ADS impliquent des topologies différentes sur le bord et en particulier, cette différence porte sur le caractère du bord, spécialement si l'on transforme en une dimension temporelle l'une des coordonnées normalement spatiale [1]. »

Pour résumer, notre approche (fondée donc sur un espace à cinq dimensions de type de Sitter) suggère une nouvelle dualité possible entre l'information d'un côté (codée sur la singularité initiale) et l'énergie de l'autre (présente après le Big Bang). L'espace à temps imaginaire et l'espace à temps réel sont donc ici mis en miroir par une correspondance nouvelle, du type DS/CFT (de Sitter/théorie des champs conforme), ce qui ouvre des perspectives fascinantes.

Théorie topologique des champs

Pour finir, il nous faut dire un mot de l'instrument théorique que nous avons adopté pour décrire le mieux possible l'espace euclidien à quatre dimensions, cet étrange pseudo-espace-temps dont le temps est imaginaire. Pour bien le comprendre, aucune des théories

1. Lettre de L. Motl adressée aux auteurs le 21 avril 2009.

classiques existantes ne convenait. Aussi nous sommes-nous tournés vers un édifice conceptuel nouveau, construit à partir de 1988 par Edward Witten et plusieurs autres physiciens théoriciens, experts en théorie des cordes pour la plupart. Comment décrire la théorie topologique des champs ? Pour l'essentiel, disons qu'elle remplace les grandeurs physiques – naturellement variables – par des grandeurs invariantes (que l'on appelle des « invariants topologiques » et auxquels on associe généralement des nombres entiers). Nous l'avons vu plus tôt : la topologie est la science des formes, lesquelles, par construction, ne doivent pas varier. Comme nous l'avons dit, le pneu de votre voiture n'a aucune chance de se transformer spontanément en un ballon de football. Or, notre idée est qu'à l'échelle zéro, comme tous les champs (température, courbure, etc.) deviennent infinis, il convient de décrire la singularité initiale, c'est-à-dire le point zéro, à l'aide de choses qui ne varient pas (qu'on appelle en mathématique des « invariants »). C'est ainsi que dans le cadre de la théorie topologique nous avons pu déceler l'existence, à l'origine du temps réel, d'un « indice topologique » (un invariant) que nous avons appelé « invariant de singularité ». Comment le comprendre ? Essentiellement comme un « nombre » (c'est-à-dire une constante numérique). C'est cet invariant qui, selon nous, pourrait contenir le secret du codage de l'information à l'instant zéro.

Récapitulons : l'important dans tout ceci, c'est que commence à apparaître un lien entre le temps imaginaire, l'information et l'instant zéro. Mais encore une fois, pour que ce lien ait un sens, il faut à tout prix que la notion de temps imaginaire recouvre une réalité. Est-ce bien le cas ? Peut-on être certain que le temps imaginaire existe ? À partir de maintenant, notre but sera d'en apporter sinon la preuve, du moins des indices forts.

Pour cela, il nous faudra inévitablement passer par l'observation

Parmi les indices de l'existence, au commencement du temps, d'un temps imaginaire – nous employons aussi le mot « traces », qui convoie bien l'idée de reliques –, il y en a un que nous allons aborder en premier au chapitre suivant : le fait que l'espace-temps, tout juste avant le Big Bang était en équilibre thermodynamique. Nous allons donc commencer par retourner vers le brasier primordial. De nouveaux moyens d'observation, fournis par de puissants satellites astronomiques, nous donnent aujourd'hui accès à ces tout premiers instants de l'Univers. Pour y apercevoir quoi ? Un état mystérieux qui, selon les physiciens, a bel et bien existé au départ du Big Bang. Et qui va nous permettre peut-être de découvrir, caché dans les brumes opaques du pré-Univers, l'une des traces les plus visibles du temps imaginaire qui, nous le pensons, existait avant le temps réel.

16

Une première trace dans le feu du Big Bang

Nous sommes à l'automne 1902. Ce jour-là, un physicien autrichien donne sa première conférence générale à l'université de Vienne, sa ville natale, capitale de l'empire d'Autriche. Dans la grande salle des actes, l'assistance ne sait pas encore que devant elle se tient un savant qui, bien après sa disparition, sera reconnu comme l'un des plus grands du XXe siècle : Ludwig Boltzmann. Quant à lui, il ignorera toute sa vie que ses travaux allaient un jour (en fait cent ans plus tard) permettre de trouver l'une des traces de ce temps qui fut imaginaire à l'aube des temps.

Pour l'heure, Boltzmann dispose d'un avantage essentiel sur ses collègues (et plus encore sur ses adversaires) : d'abord, il en impose par sa barbe fournie et soigneusement taillée, ses sourcils électriques. Mais surtout il fait montre d'une extraordinaire maîtrise des mathématiques, bien supérieure à celle de ses interlocuteurs physiciens. Sa discipline ? Elle porte un nom plutôt compliqué : la « thermodynamique ». Peu nombreux sont ceux qui, en ce temps-là, savent vraiment de quoi il s'agit. Pourtant, serrés sur les gradins, pressés en masse jusqu'au bas des escaliers, c'est par centaines qu'étudiants et intellectuels sont venus l'écouter. Or, ce n'est pas de physique qu'il est question ce jour-là mais de philosophie naturelle. Pas de formules ou d'équations incompréhensibles. Et soudain, un thème retient le souffle de tous : le temps et son commencement. Boltzmann est l'un des rares scientifiques qui osent aborder la question. Et ce qu'il en tire est si fascinant, si révolutionnaire, que l'empereur François-Joseph lui-même convie le savant à dîner au palais impérial.

Une clef pour percer le secret de l'origine

Qu'a donc découvert Boltzmann ? Quelque chose de capital. Une sorte de clef. Sans elle, toutes nos tentatives pour explorer l'Univers avant le Big Bang auraient échoué. Vous ne serez probablement pas surpris d'apprendre que la recherche de cette clef emprunte des chemins totalement inattendus dans le monde. Il y a aujourd'hui dans l'université américaine de Californie, à Santa Cruz, un physicien théoricien du nom de Tom Banks. Nous vous avons déjà parlé de lui dans l'introduction : il a été le directeur de thèse de Luboš Motl. Tom Banks s'est intéressé de près aux travaux de Boltzmann. Il vient de verser une importante pièce au dossier de l'origine en élucidant de manière convaincante la fameuse question de Boltzmann-Penrose : pourquoi les conditions initiales en cosmologie impliquent-elles une très basse entropie [1] (c'est-à-dire un désordre minimal) ? Faisons comme lui et partons de ce qu'on observe. Sur ce point, tout le monde est d'accord depuis longtemps : au moment du Big Bang (ou si vous préférez, juste avant) l'Univers était dans

1. T. Banks, « Entropy and Initial Conditions in Cosmology », 16 janvier 2007 (http://arxiv.org/PS_cache/hep-th/pdf/0701/0701146v1.pdf).

un état d'ordre extraordinaire. C'est à cela que pensent les physiciens lorsqu'ils disent que l'entropie de l'Univers était très basse au début du Big Bang. Mais pourquoi une entropie si basse, alors que dans le feu primordial on pourrait penser le contraire ? Comme le montre Tom Banks, il y a plusieurs raisons à cela. Mais il en est une que vous devez absolument garder en tête : au moment du Big Bang, l'Univers naissant était dans un état très spécial, totalement révolu aujourd'hui, qu'on appelle l'équilibre thermodynamique. Disons pour simplifier que la température était partout la même, à peu de chose près. Or cet état exceptionnel nous intéresse tout particulièrement. Pourquoi ? Parce qu'il contient la trace – le dernier vestige visible – de l'existence du temps imaginaire au moment même du Big Bang, juste avant que l'Univers entame sa prodigieuse expansion. Par quel « miracle » ? C'est ce que nous allons voir dans un instant.

Mais auparavant, revenons à Boltzmann. Pour lui, en cette année 1902, les enjeux sont trop écrasants. Peu à peu, son équilibre commence à vaciller. Les mystères qu'il a libérés à présent le hantent. En même temps, ses ennemis – Ernst Mach en tête, celui du mur du son – sont bien décidés à l'empêcher coûte que coûte de parler. Et même de penser. À partir de 1903, il va lentement faire naufrage dans une dépression dont il ne pourra plus jamais sortir. Et un jour de septembre 1906, il finit par se pendre. Si vous vous rendez au Zentralfriedhof de Vienne, vous découvrirez, gravée sur sa tombe, une étrange formule mathématique : $S = k \, \mathrm{Log} W$. Pour Einstein, il s'agit de la formule la plus importante de toute la science. Qu'est-ce que cela veut dire ? L'équation parle d'elle-même : ceux qui ont été en mesure de l'analyser ont tout de suite compris qu'elle contenait l'un des secrets les plus brûlants de notre Univers.

L'équilibre thermique de l'Univers primordial

Lorsque le matin votre bain est trop chaud, vous avez la solution : vous faites couler de l'eau froide. Trente secondes plus tard, votre bain est tiède et partout à la même température : les physiciens disent alors qu'il a atteint l'équilibre thermodynamique. Prenons à présent l'Univers entier. Au moment du Big Bang, l'espace-temps était globalement « à l'équilibre ». Qu'est-ce que cela veut dire ? En gros, que si l'on avait « pris sa température », on aurait vu deux choses. D'abord, qu'elle était bien sûr très élevée : environ cent mille milliards de milliards de milliards de degrés contre seulement 3 degrés aujourd'hui (lorsqu'on la mesure dans le vide de l'espace, loin des soleils). Mais surtout, cette température était partout la même. Pure théorie ? Pas du tout : cette condition d'équilibre global de l'Univers au moment du Big Bang se déduit assez facilement des observations (en faisant tout de même l'impasse sur quelques difficultés techniques). En particulier, il y a ces magnifiques clichés du fond diffus de l'Univers, obtenus à partir de 1992. Des photographies à couper le souffle (que vous avez sûrement déjà aperçues) et qui montrent le visage de l'Univers tel qu'il était tout juste 380 000 ans après le Big Bang. Et la conclusion, renforcée depuis par les clichés saisissants obtenus par le satellite WMAP et Planck Surveyor, est sans appel : l'Univers primordial présente un extraordinaire équilibre thermodynamique, de plus en plus élevé à mesure que l'on remonte vers le Big Bang. Or, c'est là que tout se joue. En effet, s'il est à l'équilibre à l'échelle de Planck, alors l'Univers, à l'aube du Big Bang, se trouve nécessairement dans un état physique très spécial, que les spécialistes ont appelé « état KMS ».

De l'équilibre thermique au mystérieux état KMS

Qu'est-ce que l'état KMS ? Ces trois lettres en forme de rébus proviennent du nom des trois savants qui ont jeté les bases physiques de la théorie : Kubo, Martin et Schwinger (c'est lui qui, dans les années soixante-dix, a révélé les secrets de la condition KMS à notre directeur de thèse, Moshé Flato). Au cours de nos travaux de thèse, nous avons eu des discussions très intéressantes avec un physicien mathématicien du nom de Marinus Winnink, de l'université de Groningue. C'est l'un des trois chercheurs qui, en 1967, sont parvenus à traduire en langage mathématique ce qu'est la théorie KMS. Ayant de la famille en France, il passait souvent de l'anglais au français pour entrer dans les détails. Et au fil de nos échanges, il nous est finalement apparu qu'il était tout à fait possible d'appliquer la condition KMS à l'Univers entier à l'instant de Planck. C'est ce que nous avons fait. Et les conséquences sont vraiment fantastiques.

Avant de les évoquer, commencez par retenir ceci : l'état KMS relie l'état d'équilibre d'un système (par exemple de l'eau en train de bouillir dans une casserole) à son évolution. Concrètement, une eau en état KMS est *globalement* en ébullition et donc en équilibre. Tant qu'il y a de l'eau dans la casserole, rien ne changera. Mais en même temps, l'eau est aussi en évolution (des petites vaguelettes se forment ici et là, des creux apparaissent et disparaissent à chaque instant, etc.). Vous le constatez : l'eau est *à la fois* en équilibre (globalement, dans tout le récipient) et en évolution (localement, d'une bulle à l'autre). Mais cela entraîne un effet spectaculaire : lorsqu'un système est en état KMS (c'est-à-dire lorsque son équilibre et son évolution sont reliés l'un à l'autre), le temps pour ce système est à la fois réel (c'est ce qui fait qu'il évolue à l'intérieur de certaines frontières) et imaginaire (c'est ce qui fait qu'il est en équilibre). En bref, le temps de ce système devient complexe.

Or, selon nous, c'est exactement ce qui se passe pour l'Univers au moment du Big Bang : très chaud (en somme, « en ébullition ») et globalement (d'un bout à l'autre du diamètre de Planck) en équilibre thermodynamique, il est en état KMS, ce qui implique inévitablement que le temps dans cet Univers naissant est *complexe.* C'est précisément ce qu'observe le physicien Roman Jackiw dans son rapport sur l'une de nos deux thèses : « L'auteur [...] suggère que cette époque inaccessible est gouvernée par une théorie topologique des champs thermiques soumise à la condition de périodicité KMS [1]. » Nous l'avons déjà remarqué, l'ingénieur informaticien Peter Woit est viscéralement opposé aux développements actuels de la physique théorique (au bout de cette opposition, on trouve en vrac la théorie des cordes aussi bien que nos idées). Et pourtant, il a fini par accepter notre hypothèse de l'espace-temps KMS : « On peut accepter que "l'espace-temps doit être considéré comme soumis à la condition KMS à l'échelle de Planck" est une idée scientifiquement valable, qui mérite publication [2]. »

C'est ce qui s'est passé puisque cette hypothèse, après avoir été analysée et évaluée par des experts *refe-*

1. Rapport de thèse de Roman Jackiw du 11 avril 2002.
2. SPR : http://www.lns.cornell.edu/spr/2002-11.

rees, a été publiée dans plusieurs journaux scientifiques, dont *Annals of Physics*.

D'ailleurs, tout porte à croire que le mathématicien Alain Connes lui-même (médaille Fields) – qui a pourtant exprimé plusieurs fois ses critiques vis-à-vis de notre approche – a finalement adopté notre idée centrale d'appliquer la condition KMS à l'espace-temps à l'échelle de Planck. Lui aussi a publié en 2008 un article dans l'ouvrage de Majid, *On Space and Time*. À notre grande surprise, nous avons pu y retrouver telle quelle notre hypothèse : « Au-dessus d'une certaine énergie (disons l'énergie de Planck), l'idée même d'espace-temps disparaît [...]. Et la notion clef est celle de l'état KMS [1]. »

État KMS et fluctuations du temps

Récapitulons : toutes les observations (notamment celles des satellites COBE et WMAP) suggèrent fortement que l'Univers est en équilibre thermodynamique très tôt dans son histoire (et *a fortiori* à l'échelle de Planck, puisque plus on remonte vers le Big Bang, plus l'équilibre global s'accroît). Par conséquent, puisque selon les physiciens « équilibre thermodynamique » veut dire « état KMS », alors on a de très bonnes raisons de penser que l'Univers naissant, au moment du Big Bang, était bien en état KMS (juste avant l'expansion). La conséquence de cet état est spectaculaire : à cette époque primordiale, le temps était *nécessairement* complexe, autrement dit : il devait fluctuer entre la direction réelle et une direction imaginaire. Plus précisément encore, pour reprendre la terminologie

1. A. Connes, « On the fine structure of Spacetime », in *On Space and Time, op. cit.*

employée par les spécialistes de la condition KMS, l'Univers en état KMS (donc dans sa phase fluctuante à cinq dimensions) reliait l'équilibre du système (l'espace euclidien à quatre dimensions) à son évolution (l'espace-temps à quatre dimensions). Nous retrouvons ici une nouvelle formulation de la correspondance ADS/CFT survolée au chapitre précédent. Mais encore une fois, ce phénomène aurait-il laissé derrière lui une trace observable ?

Les traces observées par le satellite WMAP

20 mars 2006. Ce jour-là est publié l'un des rapports les plus importants des vingt dernières années : le fameux rapport Spergel, cosigné par vingt-deux experts. Il s'agit des résultats d'une analyse de trois ans portant sur les données collectées par le célèbre satellite astronomique WMAP lancé par la NASA pour scruter le fond cosmologique. Si vous étudiez ce rapport (parfois assez difficile à lire), vous y découvrirez que 380 000 ans après le Big Bang, l'Univers présentait encore un incroyable équilibre thermodynamique (et ne s'en écartait que très peu). Selon les experts, cet équilibre sera bien sûr confirmé par le satellite Planck Surveyor, qui vient d'être lancé en mai dernier, conjointement par l'ESA et la NASA. Toujours selon les analystes impliqués dans l'interprétation des données, cet équilibre global devait être encore plus grand juste avant que se déclenche le Big Bang, à l'échelle de Planck. Et nous l'avons vu : ceci signifie clairement que l'espace-temps, à cet instant-là, était probablement en état KMS. Et que le temps pouvait y être par conséquent complexe.

Finalement, nous pensons que la première trace du temps imaginaire se trouve au fond du ciel. Mais ce n'est que la première. La seconde, nous allons aller la chercher ailleurs, dans quelque chose de tout à fait inattendu : la forme de l'Univers.

17

L'UNIVERS EST-IL ROND ?

Nous sommes le 9 février 2009, à Paris. Ce jour-là, à 15 h 20, l'une de nos messageries électroniques émet un signal bref : nous venons de recevoir un courriel du physicien américain George Smoot. Vous l'avez déjà rencontré dans ces pages : c'est lui qui est à l'origine (et à l'arrivée) du fameux satellite astronomique COBE, lancé au début des années quatre-vingt-dix. Il a été récompensé par le prix Nobel pour sa découverte, « peut-être la plus importante de tous les temps », selon Hawking. COBE a été le premier engin à observer le fond cosmologique, loin, très loin d'ici (en fait à plus de 13 milliards d'années-lumière). Depuis, un deuxième satellite (le fameux WMAP dont nous avons parlé plusieurs fois) puis aujourd'hui un troisième, Planck Surveyor, ont affiné les données du premier. Et progressivement, au fil des années et des dépouillements, les résultats sont tombés : l'espace à trois dimensions – celui dans lequel nous vivons – pourrait avoir une courbure « marginalement » (ce qui veut dire très légèrement) positive. Le terme « courbure positive » veut dire que l'espace à trois dimensions pourrait ressembler à quelque chose de sphérique (par exemple une boule de billard). Nous disons bien « pourrait » car la chose n'est pas encore totalement certaine. Mais elle est très fortement probable. C'est en tout cas ce qu'affirme George Smoot dans son courriel du 9 février. Selon lui, la courbure positive de notre espace « est permise par les observations [1] »

Mais voici maintenant l'essentiel : aussi étonnant que cela puisse paraître, le fait que l'Univers puisse être *rond* va nous permettre, peut-être, d'y trouver une nouvelle trace du temps imaginaire.

Quelle est la forme de notre Univers ?

À quoi ressemble donc notre Univers ? Quelle est sa forme ? Nous venons d'annoncer la bonne nouvelle : pour la première fois, la science – plus exactement les nouveaux moyens d'observation – nous permettent d'entrevoir une réponse. Mais d'abord, un petit rappel pour y voir clair. Vous vivez dans trois directions d'espace et une dimension de temps [2], et c'est sans y penser que vous visualisez n'importe quel objet à trois dimensions, par exemple une chaise, un chien, votre voiture. Mais avec une dimension de plus tout change. Par exemple, impossible de vous représenter une sphère à trois dimensions. Ce que vous pouvez voir, c'est une sphère à deux dimensions (par exemple un ballon de football), mais pas à trois. De même, il nous est impossible de nous représenter l'Univers dans son ensemble (puisque nous ne pouvons l'observer que depuis son intérieur, où nous sommes). Alors, comment « voir » à quoi il ressemble ?

1. Courriel de George F. Smoot adressé aux auteurs le 9 février 2009.

2. Par conséquent, l'Univers a quatre dimensions (trois pour l'espace, une pour le temps).

Précisons ici une chose. Pour presque tous les astrophysiciens d'aujourd'hui, l'espace à trois dimensions dans lequel nous vivons est « plat ». Qu'est-ce que cela veut dire ? Que si vous partez droit devant vous, vous ne reviendrez jamais à votre point de départ. Pourtant, au risque (une fois de plus) de prendre à contre-pied l'opinion dominante, nous pensons que les choses ne se passent pas comme cela. Sur quoi repose cette convention ? À vrai dire, sur pas grand-chose. Aucune observation irréfutable ne permet de trancher en faveur de cette solution. Bien au contraire. Depuis 2006, comme nous allons le voir, les données fournies par les satellites astronomiques font pencher la balance vers un espace à trois dimensions très légèrement courbé. Nous l'avons dit ailleurs : soutenir que l'Univers est *plat* nous semble aussi déraisonnable (pour ne pas dire absurde) que de croire que la Terre est plate.

Mais qu'il soit plat ou courbe, il existe tout un tas de solutions envisageables pour l'espace à trois dimensions. Pour certains, sa forme [1] pourrait être celle d'un cylindre. Pour d'autres, il pourrait ressembler à un immense pneu de voiture à trois dimensions (on appelle ça un tore). D'autres encore ont opté pour des figures plus sophistiquées (la topologie nous laisse largement le choix). Par exemple, pour un petit groupe d'astrophysiciens français (à vrai dire aujourd'hui bien isolés), le choix s'est porté vers ce que les géomètres appellent un solide platonicien à douze faces ou « dodécahedron ». L'objet est malheureusement compliqué et, aujourd'hui, totalement disqualifié par les observations (jusqu'ici, personne n'a pu constater que l'Univers avait douze faces).

---

1. En termes savants on dit sa « topologie ».

L'Univers est-il rond ?

Notre point de vue est différent. Nous pensons qu'à l'échelle de l'Univers, le principe de simplicité domine. Par conséquent, selon nous, parmi toutes les formes possibles et imaginables, l'Univers a nécessairement adopté la plus simple. Or, pour un objet à trois dimensions, quelle est donc la forme la plus simple ? C'est la sphère ! Mais ici faites attention : il ne s'agit pas de la sphère à deux dimensions (un simple ballon) mais d'une sphère à trois dimensions (que nous ne pouvons pas voir de l'extérieur et qui, par conséquent, échappe à toute représentation). Si donc, pour l'espace à trois dimensions, nous choisissons la forme la plus simple, nous tombons inévitablement sur la sphère à trois dimensions. En sommes-nous certains ? Oui ! Il y a déjà plus d'un siècle, en 1904, Henri Poincaré avait annoncé ce résultat dans l'une des conjectures les plus célèbres de toute l'histoire des mathématiques [1] (elle a même fait partie des sept problèmes les plus importants et les plus difficiles du millénaire sélectionnés par la fondation Clay au début des années 2000). Or, cette fameuse conjecture a été enfin résolue vers 2004, après cent ans de travaux acharnés et des milliers d'échecs. Par qui ? Par un mathématicien russe, Grigori Perelman. Esprit d'une originalité extrême, à l'écart des pensées dominantes, il s'est d'ailleurs empressé de refuser en bloc aussi bien la médaille Fields (équivalent du Nobel en mathématiques) que l'important prix de la fondation Clay. Reste son impressionnante démonstration, étalée sur des dizaines de pages très denses. Difficile à suivre : il a fallu plus de deux ans aux meilleurs experts pour s'assurer de sa validité. Mais aujourd'hui le

1. La conjecture de Poincaré.

« théorème de Poincaré-Perelman » est pleinement reconnu : en trois dimensions, la sphère tridimensionnelle est l'objet le plus simple qui soit.

En 1991, la conjecture de Poincaré n'était pas encore démontrée. Toutefois, à cette date (qui marque le début de nos travaux sur l'Univers primordial), nous sommes partis de l'idée que l'espace à trois dimensions devait avoir la forme la plus simple possible : celle d'une sphère. Rapidement, nos calculs nous ont confortés dans ce choix. D'où la formule que nous vous proposons d'adopter à votre tour : tout comme la Terre est ronde, l'Univers est *rond* lui aussi.

Une sphère à trois dimensions

Examinons de plus près notre sphère-Univers. En fait, à la différence de ce qui se passe pour le ballon (dont la surface n'a que deux dimensions) dans notre cas, la surface de la sphère-Univers a trois dimensions. C'est ce que les mathématiciens appellent une « hypersurface ». Or, si nous ne pouvons pas visualiser cette sphère, c'est parce que nous vivons non pas « sur » mais « dans » cette surface – à l'intérieur de celle-ci. Mais réfléchissez : le ballon ordinaire possède bien un intérieur : c'est la troisième dimension, qui au sens strict ne fait pas partie de la sphère. De même, notre sphère-Univers possède un intérieur qui existe dans la quatrième dimension : c'est tout simplement le temps. Du point de vue topologique, la droite du temps se trouve nécessairement à l'intérieur de la sphère (ne l'oublions pas, la sphère-Univers n'a pas d'extérieur). Et ceci explique pourquoi, à chaque instant, l'Univers – dont le rayon jusqu'à l'horizon correspond au temps – change d'échelle.

Et voici le plus important : si l'Univers est bel et bien rond, alors nous allons pouvoir découvrir la trace que nous cherchons, celle du temps imaginaire. Comment cela se peut-il ? C'est ce que nous allons voir plus loin. En attendant, nous arrivons maintenant à une nouvelle question : est-ce que notre idée de représenter l'espace ordinaire par une sphère à trois dimensions est la bonne ? A-t-elle une chance d'être vraie ?

L'observation d'une courbure très faible mais positive

Aujourd'hui, en raison de sa formidable expansion, l'Univers est très grand (presque 50 milliards d'années-lumière). Par conséquent, sa courbure doit être extrêmement faible. Récemment, une nouvelle vraiment décisive est passée presque inaperçue. Pourtant, elle suggère fortement que la forme sphérique pourrait bien être la bonne.

En effet, le 20 mars 2006 a été publié le célèbre rapport Spergel (évoqué au chapitre précédent) sur les données fournies par le satellite WMAP. Que nous dit ce rapport ? Quelque chose que les scientifiques ont beaucoup de mal à reconnaître : l'Univers serait « presque plat ». Mais ici, faisons attention : « presque plat », ce n'est pas pareil que « totalement plat ». En effet, les chiffres disent tous (à peu de chose près) la même chose : l'espace à trois dimensions présente une courbure extrêmement faible. Pratiquement indécelable. Mais cette courbure existe et les mesures indiquent qu'elle est « marginalement » positive. Si nous marchions droit devant nous (et assez vite pour dépasser l'expansion), au terme d'un immense parcours nous devrions finir par revenir à notre point de départ.

Comme nous l'avons signalé plus haut, le père du tout premier satellite astronomique lancé en 1992, qui depuis a été récompensé du prix Nobel pour ses étonnants résultats, l'astrophysicien George Smoot lui-même l'affirme : les observations sont compatibles avec un Univers courbe.

Bien entendu, comme cette courbure est presque indécelable, on a tendance à soutenir encore l'idée commode que « l'Univers est plat ». Mais nous sommes maintenant à peu près certains que ce n'est pas le cas. Les chiffres sont d'ailleurs sans ambiguïté : la densité totale de l'Univers est très légèrement supérieure à 1, même si l'on tient compte des barres d'erreur. Curieusement, une majorité d'astrophysiciens a encore du mal à admettre ce résultat, pourtant tout droit issu de l'observation. C'est d'ailleurs ce que nous a souligné le physicien théoricien George Ellis, qui s'est intéressé de très près au changement possible du signe de la quatrième coordonnée de la métrique et à l'émergence d'un temps imaginaire en régime de forte gravité. De plus, Ellis a été corédacteur avec Stephen Hawking d'un ouvrage solide sur l'espace-temps à grande échelle (qui contient, entre autres, les fameux théorèmes de singularité développés avec Roger Penrose). Nous connaissions bien ses travaux et lui avions demandé si les données recueillies par WMAP débouchaient réellement sur une courbure positive pour l'espace à trois dimensions. Le 17 septembre 2004 il nous avait répondu : « Oui, c'est correct – quoique beaucoup de gens résistent à cela. »

Que signifie une « courbure positive » pour l'Univers ? Tout simplement, une fois de plus, que la forme la plus *naturelle* de l'espace à trois dimensions dans lequel nous vivons est bien celle d'une sphère tridimensionnelle (car la courbure d'une sphère est positive).

Allons-nous le redire ? Nous attendons beaucoup du satellite Planck lancé en mai 2009. En particulier qu'il précise et confirme les résultats de WMAP. Si c'est bien le cas, alors cette fois nous saurons de manière certaine que l'espace dans lequel nous vivons tous les jours est doté d'une courbure infime. Et que donc nous vivons dans une sphère à trois dimensions dont le rayon grandit à chaque seconde. Il s'agit de notre prédiction. Mais nous ne sommes pas les seuls à penser ainsi. Ceux qui partagent ce point de vue sont plutôt des mathématiciens. Un exemple typique est celui de l'algébriste anglais Shahn Majid, de l'université de Londres. Nous vous en avons déjà parlé : il a été membre du jury et examinateur de l'une de nos thèses. Nous le connaissons donc bien. Mais nous n'avons jamais discuté avec lui du point de vue qu'il a formulé en 2008 dans un ouvrage où, aux côtés d'Alain Connes, Roger Penrose et d'autres, il effectue une solide approche mathématique de l'espace-temps au moment du Big Bang. Voici ce qu'il a écrit en 2008 : « Ainsi, pour chaque point sur la sphère quantique S3, il existe quatre directions dans lesquelles vous pouvez vous déplacer. [...] Je prétends que la direction supplémentaire pourrait être interprétée comme étant le temps [1]. » Mais ceci est également vrai pour l'Univers à grande échelle : « À chaque instant, il doit vraiment être vu comme une sphère à trois dimensions [2] », précise-t-il. En somme, l'on retrouve ici l'idée que nous avons émise en 1991.

Ajoutons encore une chose : des raisons théoriques profondes nous ont conduits vers la conclusion que l'espace à trois dimensions est « rond ». En particulier,

---

1. S. Majid, « Quantum Spacetime and Physical Reality », in *On Space and Time*, *op. cit.*

2. *Ibid.*

prenons notre espace ordinaire, à trois dimensions. Les physiciens y détectent de grandes symétries, décrites par le groupe des rotations à trois dimensions, un groupe appelé SO(3) (qui, topologiquement, est une sphère). Or, voici ce que nous précise Shahn Majid – de nouveau lui – à ce propos : « La première chose à dire est que lorsqu'un groupe de symétrie continu comme SO(3) est considéré en tant qu'espace, alors il possède une courbure [1]. » Ce qui, une nouvelle fois, nous conduit de manière naturelle vers l'idée que notre espace à trois dimensions est courbe (et qui plus est, qu'il s'agit bien d'une sphère).

De la courbure de l'Univers au temps imaginaire

Tout ceci a des conséquences capitales concernant notre recherche des traces du temps imaginaire, quelque part dans l'Univers. En effet, le fait que l'espace à trois dimensions soit peut-être une sphère tridimensionnelle implique qu'il est également possible que, dans le passé très lointain, avant le Big Bang, le temps ait pu être imaginaire, et ce pour une raison facile à saisir. Tout comme une sphère à deux dimensions est le bord d'un espace qui en compte trois, la sphère à trois dimensions n'est autre que le bord d'un espace à quatre dimensions. Nous l'avons vu plus haut : le premier espace possible à quatre dimensions est tout simplement l'espace-temps qui est le nôtre. Dans ce cas, la droite du temps a une certaine orientation à l'intérieur de la sphère. Mais n'existe-t-il pas une autre orientation pour cette droite ? Si, bien sûr : c'est la direction qui se trouve à angle droit de celle du temps. Or, que se passe-t-il si nous faisons pivoter notre droite

1. S. Majid, *On Space and Time*, *op. cit.*

temporelle de 90 degrés dans le plan complexe ? Tout simplement ceci (vous connaissez déjà la réponse) : le temps réel est devenu imaginaire ! Pour prendre une autre approche (plus directement topologique), nous pouvons dire que la sphère à trois dimensions est *à la fois* le bord de l'espace-temps ordinaire mais aussi de l'instanton gravitationnel – en langage mathématique, la boule – à quatre dimensions qui représente l'espace à temps imaginaire. Bien entendu, comme nous l'avons découvert durant notre exploration du monde avant le Big Bang, le temps imaginaire n'avait une existence effective qu'avant le temps de Planck. Avant le Big Bang. Mais ce que nous venons de voir représente, à grande échelle, une trace. Une trace de ce temps imaginaire qui existait sans doute il y a très longtemps. Lorsque le diamètre de la sphère à trois dimensions qui matérialise le bord de notre Univers ne mesurait que 10^{-33} cm. La longueur de Planck. Ce temps-là a existé : c'était le temps de Planck.

Pour la première fois, nous pouvons peut-être accéder à une représentation plus fidèle de l'Univers dans lequel nous vivons. Et de sa forme. Nous pensons que les futures analyses du fond cosmologique par le satellite Planck confirmeront la tendance amorcée avec WMAP. Et dans ce cas, si l'Univers est bien validé comme étant rond, nous détiendrons alors un indice puissant – un de plus – du fait que, avant le Big Bang, le temps réel et le temps imaginaire coexistaient au sein d'un temps plus global, non ordonné sur le plan causal, qu'on appelle le temps complexe.

Notre recherche des traces du temps imaginaire s'est donc révélée fructueuse jusqu'ici. Mais ce n'est pas fini. Il existe encore d'autres indices. D'autres reliques de ce temps archaïque qui a précédé le nôtre. Où allons-nous les chercher cette fois ? Dans les profondeurs mystérieuses, vaguement inquiétantes, de l'énergie noire.

18

Le secret de l'énergie noire

Par un bel après-midi de juin 1997 teinté d'un soleil calme, nous nous trouvions dans cet immense laboratoire qu'est le CERN, à Genève, dans la division de la théorie. C'est là que onze ans plus tard serait mis en mouvement le premier flot de particules élémentaires dans le fameux LHC. En attendant, nous nous trouvions engagés dans une discussion avec le physicien italien Gabriele Veneziano. Ce nom vous dit peut-être quelque chose : professeur au Collège de France, il est considéré aujourd'hui comme le tout premier fondateur (alors qu'il était jeune chercheur en 1969) de la fameuse théorie des cordes, dont le but est de percer, au fond de l'infiniment petit, les ultimes secrets de la matière. Cependant cette fois-là, nous n'étions pas venus pour parler des cordes mais de quelque chose de plus mystérieux encore. Quelque chose de difficile à admettre mais qui s'était progressivement imposé au fil des années dans le cadre de nos travaux de thèse sur l'origine de l'Univers, « avant » le Big Bang. Si nous devions en croire nos calculs, non seulement l'expansion de l'espace-temps ne s'achèverait jamais mais surtout, elle irait en accélérant ! Autrement dit, à chaque instant, notre Univers n'avait d'autre choix que de grandir de plus en plus vite. C'était sans doute l'une des premières fois qu'était proposée l'hypothèse – à première vue bien peu vraisemblable – d'une accélération possible de l'expansion. Le moins qu'on puisse dire, c'est que notre idée n'éveilla guère l'enthousiasme des théoriciens du CERN. Nous n'étions parvenus à convaincre personne de l'existence d'un phénomène en contradiction si flagrante avec ce que l'on pouvait alors observer. Pendant plus d'un an, notre hypothèse n'eut donc aucun écho.

Les supernovae lointaines

Pourtant, en octobre 1998, en à peine quelques heures, une nouvelle fracassante fait le tour des laboratoires astronomiques du monde entier. Elle fait aussi la une des journaux, parmi lesquels la célèbre revue *Nature* qui n'hésite pas à titrer en gros caractères : « La Révolution de l'Année ». Il en a résulté un débat scientifique sans précédent. Pourquoi tant d'agitation ? Pour quelque chose de totalement inattendu : la lumière émise par certaines de ces étoiles lointaines en train d'exploser que sont les supernovae montre qu'elles se situent *bien plus loin* que ce que l'on croyait. Et très vite, la seule solution possible s'impose, solution ahurissante : l'expansion de l'Univers était en train d'accélérer ! Si c'était confirmé, alors, comme propulsées par une force invisible dans le vide grandissant, étoiles et constellations s'éloigneraient irréversiblement les unes des autres. S'écarteraient de plus en plus, sans jamais revenir en arrière. Jusqu'à l'infini. Jusqu'à ce qu'elles disparaissent de l'horizon et que, dans un avenir immensément lointain, le ciel devienne noir pour toujours.

L'année suivante, le 26 juin 1999, nous fûmes finalement autorisés à présenter notre « prédiction » (quoique le mot nous paraisse un peu arrogant) lors de nos soutenances de thèse à l'École polytechnique. Une prédiction encore très mal acceptée par certains membres de nos jurys. Mais à nos yeux, cette découverte (présentée par Stephen Hawking comme l'une des plus importantes de tous les temps) devait changer la face du monde. Car à partir de là, il devenait possible, pour la première fois, d'apporter une réponse à cette question seuil, l'une des plus troublantes qui aient jamais hanté l'homme : le temps a-t-il connu, loin dans le passé, un commencement ?

Le grand mystère

Avant de répondre, revenons un instant sur ce phénomène très mystérieux. Certains y ont vu une nouvelle force de l'Univers, la cinquième après les quatre autres déjà connues. D'où le nom qu'on lui attribue parfois : la quintessence. Pour d'autres, elle a sans doute quelque chose de vaguement inquiétant, qui l'a fait basculer « du mauvais côté de la force ». Ceux-là lui ont donné ce nom très évocateur qui, encore aujourd'hui, pourrait servir de titre au mythique épisode VII de *Star Wars* : l'énergie sombre (ou noire, selon les humeurs des physiciens). Sa réalité a été aujourd'hui clairement établie. Mais pas sa raison d'être. Comment l'expliquer ?

Disons-le tout net : l'énergie noire reste un mystère total. Son origine et son contenu sont inconnus. Plus de dix ans d'efforts n'y ont rien changé : personne, aucun physicien théoricien ou astrophysicien n'est encore parvenu à résoudre l'énigme. En 1998, alors que nous discutions de certains aspects de la théorie des cordes avec Edward Witten, la conversation s'était déplacée vers l'énergie noire. Le physicien mathématicien nous a alors dit : « La découverte de l'énergie noire a changé de fond en comble tout ce que nous pouvons penser à propos des lois de l'Univers. » En effet, mais pour autant, de quoi s'agit-il ? D'une force non identifiée, qui remplit l'Univers. D'après le site de la NASA, elle représenterait plus de 70 % de la densité d'énergie totale (la matière ordinaire ne comptant que pour cinq pour cent environ).

En gros, tout le monde s'accorde aujourd'hui à dire que l'énergie noire est une sorte de « pression négative », une « énergie fantôme » ayant des points communs avec la célèbre constante cosmologique introduite par Einstein en 1916 (avant qu'il la récuse comme étant « la plus grande erreur de sa vie »).

Le dilaton et le temps imaginaire

Revenons en 1998. Ce que nous soutenions alors à nos interlocuteurs (Veneziano n'était pas le seul), c'est que notre idée d'une possible fluctuation de la signature de la métrique au moment du Big Bang impliquait nécessairement (à nos yeux, c'était même inévitable) la présence dans les équations d'une nouvelle force. Il devait s'agir selon nous de ce qu'on appelle en physique théorique un « champ scalaire », présent dès la phase dite « quantique » de l'espace-temps, c'est-à-dire avant le Big Bang. Nous pensions que ce champ était profondément associé à la fluctuation de la direction temporelle de l'Univers avant le Big Bang. Et, toujours selon nous, une fois le Big Bang déclenché, ce champ devait se détacher de la métrique et donc, inéluctablement, d'abord « dilater » l'espace-temps puis, par la suite, *accélérer* son expansion. Or, si vous vous intéressez à la physique théorique, vous savez qu'il existe un champ dit « scalaire » qui ressemble un peu à ce que nous venons de décrire. On l'appelle « dilaton » et, d'après la théorie des cordes, le dilaton serait apparu dès le temps de Planck. Cette année-là, nous avons donc identifié notre champ primordial – responsable de fluctuation du temps – au fameux dilaton (nous lui avions d'ailleurs donné ce nom). Pure hypothèse ? Il semble que non. Aujourd'hui, on commence à établir le lien entre fluctuation de l'espace-temps et énergie noire. Comme l'écrit, en 2008, l'astrophysicien Andrew Taylor de l'université d'Édimbourg, l'un des meilleurs experts de l'énergie noire : « Une origine possible de l'énergie noire est qu'elle pourrait être causée par des fluctuations du vide [1]. »

Mais poursuivons notre progression dans ce paysage inconnu. D'où pourrait donc provenir l'énigmatique dilaton ? Selon les théoriciens des cordes, de ce qu'on appelle (sans toujours trop savoir ce que c'est) une « réduction dimensionnelle » (c'est ce qui se passe lorsqu'une des dimensions de l'espace-temps disparaît). À partir de là, quoi de plus simple que de considérer qu'à l'instant zéro le temps était naturellement soumis à une telle réduction, au point de ne plus apparaître du tout dans les équations ? Le physicien théoricien Costas Kounnas, à l'époque lui aussi au CERN et aujourd'hui à l'École normale supérieure, nous l'a fait remarquer : pas d'autre choix que de remplacer la dimension réduite du temps par le dilaton complexe (c'est-à-dire un champ ayant une partie réelle et une partie imaginaire pure). Et c'est ici que tout se joue :

1. A. Taylor, « In the dark universe », in *On Space and Time*, *op. cit.*

le dilaton complexe transforme *inévitablement* la quatrième dimension (le temps) en une coordonnée de temps imaginaire pur !

Que pouvons-nous conclure de tout ceci ? Quelque chose de très intéressant : l'accélération de l'espace-temps pourrait représenter un fort indice expérimental, une nouvelle « trace » (après les autres) de l'existence d'un temps autre, un temps imaginaire avant le Big Bang. Quelle pourrait être l'étape suivante ? Sans aucun doute, la confirmation de cette observation (et donc de notre interprétation) par le satellite Planck, lancé par l'ESA voici quelques semaines à peine. Notre prédiction est donc que dans les mois qui viennent on pourrait assister à l'une des plus importantes révolutions qui aient jamais eu lieu en physique théorique.

Mais, vous vous en doutez, notre quête des traces du temps imaginaire dans notre réalité est loin d'être achevée. Dans le chapitre suivant, notre progression va prendre un chemin qui ne manquera pas de vous surprendre.

19

L'ÉTRANGE EXPÉRIENCE D'ASPECT

Tout a commencé un matin de juin 1981. Ce jour-là, nous nous trouvions dans l'institut d'optique de l'université d'Orsay, au fond du laboratoire d'un jeune physicien encore totalement inconnu : Alain Aspect. Perpétuellement accoutré d'une blouse très blanche, le visage barré par une moustache sévère, il s'apprêtait à réaliser pour nous – pour « Temps X » – une nouvelle série d'expériences avec son étrange « machine ». Des tirs de photons dans une sorte de canon à lumière, deux longs tubes qui traversaient le laboratoire de part en part sur douze mètres. À première vue, la « machine d'Aspect » n'était donc qu'un appareillage comme beaucoup d'autres en sciences : des câbles de différentes couleurs, des bobinages cuivrés, des lentilles en réseau. Et pourtant... Nous ne le savions pas encore mais sous nos yeux allait se dérouler l'une des expériences les plus importantes de toute la physique. Une prouesse qui allait faire le tour du monde, envoyer son auteur à l'Académie des sciences et faire basculer la science à jamais. Mais ce dont nous étions tout aussi loin de nous douter, c'est que l'étrange expérience d'Aspect allait nous fournir ce que nous pensons être un indice fort – un indice expérimental – de l'existence du temps imaginaire à l'échelle infinitésimale. Et qu'au passage, contrairement à ce qui est dit, cette expérience allait donner en partie raison à Einstein. Une fois de plus.

La machine d'Aspect

Qu'avons-nous donc vu ce jour-là (et tous ceux qui ont suivi) dans le laboratoire d'Aspect, face à sa machine ? Chaque fois la même chose : un bourdonnement continu dans le laboratoire. Et c'était tout.

Or, de semaine en semaine, au fil de ces tirs insolites, Aspect est parvenu a montrer quelque chose de proprement ahurissant, qui défie les lois de la physique connue : deux photons, apparemment séparés par une grande distance (ici douze mètres), en réalité ne le sont jamais et continuent d'interagir malgré l'espace qui les sépare. Comme s'ils s'échangeaient instantanément des informations. Comme si pour eux, ni le temps ni l'espace n'avaient plus la moindre existence.

L'inséparabilité quantique

Qu'est-ce que Aspect était donc parvenu à mettre en évidence ? La réponse, nous étions partis la chercher au printemps de cette année 1981 au CERN – une fois de plus. Pour y rencontrer qui ? Un physicien théoricien du nom de John Bell, proche de Roman Jackiw, l'un de nos examinateurs de thèse, que nous ne rencontrerions que vingt et un ans plus tard, en juillet 2002, lors d'une conférence de physique théorique à l'Unesco [1]. Bell et Jackiw sont devenus célèbres dans le monde des physiciens pour avoir découvert en 1969 la

1. Conférence internationale en physique théorique, Paris, Unesco, juillet 2002.

fameuse « anomalie de Bell-Jackiw », à la base du modèle standard des particules élémentaires. Or, cinq ans plus tôt, Bell avait achevé la construction d'un édifice bourré d'équations compliquées. De quoi s'agissait-il ? D'un système d'inégalités connues aujourd'hui dans le monde entier sous le nom d'« inégalités de Bell ». Leur lecture est d'emblée difficile. En fait, Bell avait pour objectif de réfuter le point de vue qu'Einstein avait exposé dans *Physical Review* un demi-siècle auparavant, un jour lointain de 1935, dans son fameux « paradoxe EPR », en compagnie de deux autres physiciens. L'idée du trio était d'épingler une propriété nouvelle de la théorie quantique, dont le coup d'envoi avait été donné « officiellement » quelques années plus tôt, en 1927, lors du grand congrès de Copenhague sous l'égide fortement dominatrice de Niels Bohr. Einstein – qui avait souvent des discussions houleuses avec Bohr – trouvait en effet beaucoup de choses contestables dans la théorie quantique, en particulier la « non-séparabilité » (qu'il jugeait franchement absurde). Que veut dire « non-séparabilité » ? Que deux particules issues d'une même source ne peuvent pas être séparées, quelle que soit leur distance apparente. Pour Einstein cette conclusion était inadmissible : elle conduisait inévitablement à la disparition du temps et de l'espace.

Les variables cachées

Comment se tirer de ce mauvais pas ? Les choses étaient finalement assez simples, du moins en apparence. Einstein était en effet persuadé qu'il devait exister ce qu'il appelait des « variables cachées » dans la nature. Il suffisait donc, selon lui, de les connaître pour venir à bout du problème embarrassant de « communication instantanée ». Et retrouver du même coup le comportement déterministe de la nature. Ainsi, avec son fameux « paradoxe EPR », le père de la relativité espérait bien mettre une fois pour toutes la théorie quantique en défaut. Avait-il raison ou non ?

La réponse ne se fera connaître qu'un demi-siècle plus tard.

La démonstration de Bell, très subtile, a montré que l'existence de « variables cachées » entrait en contradiction flagrante avec la mécanique quantique. Du moins en apparence. C'est ici que Bernard d'Espagnat entre en scène. Il savait que le « théorème » de Bell pouvait être vérifié expérimentalement. Et c'est ce qui l'a poussé à confier à Alain Aspect la responsabilité – face au monde entier – de mener et de réussir de manière éclatante la fameuse expérience.

Mais comment la comprendre ? C'est là que le tableau se complique. Car malgré un accord de façade, les physiciens ne sont pas parvenus à expliquer ce mystérieux phénomène de non-localité.

De la non-localité au temps imaginaire

Jusqu'à une date récente, la seule façon de comprendre le phénomène consistait à évoquer le principe de non-localité que nous avons présenté au chapitre 3. Dès 1978, les deux physiciens théoriciens John F. Clauser et Abner Shimony ont résumé l'état d'esprit général : « L'on peut maintenant affirmer avec une confiance raisonnable que soit la thèse du réalisme soit l'idée de localité doit être abandonnée. Quel que soit le choix, il va changer radicalement nos conceptions sur la réalité et sur l'espace-temps [1]. »

1. http://www.complete-review.com

Abandonner l'idée de localité ! À ce stade, nos travaux peuvent apporter un éclairage inattendu.

Curieusement, nous allons retrouver ici Einstein. Tout d'abord, il a raison d'affirmer que l'inséparabilité quantique viole bel et bien les contraintes habituelles de l'espace-temps. En revanche, tout change lorsque le temps de notre Univers devient imaginaire. Car souvenons-nous : en temps imaginaire, il n'existe plus d'échelle, plus aucune distance mesurable. La conséquence est alors surprenante : dans un tel espace, les points ne sont plus séparés de manière définie, et les particules élémentaires, apparemment séparées dans le temps réel, ne le sont plus dans le temps imaginaire. Une manière nouvelle de résoudre le paradoxe EPR consiste donc à voir les objets élémentaires – ici les photons – à l'échelle quantique comme liés par une sorte « d'effet tunnel » en temps imaginaire. Bien entendu, ceci débouche sur une relation non locale entre deux phénomènes élémentaires pourtant parfaitement identifiés et localisés dans l'espace-temps.

La vision d'Einstein

Revenons, pour finir, sur ce concept de non-localité qui avait tant chagriné Einstein. Il est assez surprenant – et même plutôt drôle – de constater qu'une fois de plus Einstein avait eu sans doute raison. En effet, avec ses fameuses variables cachées, Einstein avait en tête des variables « non locales ». Or, c'est justement ce que nous apporte le temps imaginaire, qui apparaît ici comme une *variable cachée* (et pour cause : en 1935, personne n'avait encore la moindre idée de ce que pouvait être un temps imaginaire). Mais surtout, cette « variable » est non locale – par construction, en raison de sa nature topologique. Donc, après « l'erreur » de la constante cosmologique, aujourd'hui partiellement résorbée par les événements récents qui entourent l'énergie noire, il pourrait bien y avoir aussi une surprenante « réhabilitation » des variables cachées d'Einstein. Ce qui, du même coup, amènerait une fascinante confirmation de l'existence d'une dimension de temps imaginaire à l'échelle de Planck.

Une dernière remarque : cette notion de non-localité s'inscrit dans une famille de phénomènes généraux que les physiciens appellent « effet tunnel ». De quoi s'agit-il ? Du franchissement, par une particule élémentaire (par exemple un électron) d'une barrière. Or, lorsqu'ils effectuent des mesures vraiment fines, les expérimentateurs constatent que le franchissement de l'obstacle ne prend aucun temps, autrement dit il est instantané ! Comment interpréter cette situation très étrange ? C'est là que tout se complique. Voici, en résumé, ce que l'on peut lire sur Wikipedia : « Si, au niveau mathématique, l'évaluation de l'effet tunnel peut parfois être simple, l'interprétation que l'on cherche à donner aux solutions révèle le fossé qui sépare la mécanique classique, domaine du point matériel suivant une trajectoire définie dans l'espace-temps, de la mécanique quantique où la notion de trajectoire simple disparaît au profit de tout un ensemble de trajectoires possibles, dont des trajectoires où le temps apparaît complexe ou imaginaire pur… où les vitesses deviennent imaginaires. On notera à ce propos que la durée de traversée tunnel d'une particule à travers une barrière quantique a été, et est encore, le sujet d'âpres discussions. Des études assez nombreuses dans le domaine électromagnétique ou photonique ont révélé l'apparition de ce que l'on peut interpréter comme des vitesses supraluminiques [1]. »

1. Wikipedia à la rubrique « Effet Tunnel », art. cit.

Mais voici maintenant notre interprétation : plutôt que de parler de vitesse infinie (ou imaginaire, comme certains), nous pensons qu'il est plus naturel de considérer ici que le temps de déplacement de la particule est devenu imaginaire. Nous ne sommes pas les seuls à penser ainsi, loin de là. Depuis quelques années, les physiciens mathématiciens sont de plus en plus nombreux à penser que l'effet tunnel est une preuve expérimentale de l'existence du temps imaginaire au niveau le plus profond de la réalité. Voici par exemple ce qu'en dit le grand physicien mathématicien russe Yuri Manin. « Un exemple standard consiste à interpréter l'effet tunnel de la mécanique quantique en termes d'évolution classique du système en temps imaginaire [1]. » Ce point de vue est fracassant. Mais Manin n'est pas n'importe qui. Professeur à l'Institut Max-Planck de Bonn (dont il a été longtemps le directeur), président du comité de la médaille Fields, ce savant russe est l'un de ceux qui ont apporté une contribution essentielle à la construction des groupes quantiques, ces fameux instruments algébriques que nous avons utilisés dans nos travaux pour explorer l'Univers avant le Big Bang. Il a d'ailleurs été le directeur de thèse de Vladimir Drinfeld, mathématicien surdoué, médaille d'or aux Olympiades internationales de Bucarest en 1969, puis médaille Fields pour ses découvertes spectaculaires dans le domaine des groupes quantiques (dont il a inventé le nom dans son bel article fondateur « Quantum Groups » en 1985). Détail intéressant, Drinfeld est également un expert des instantons, ces mystérieux objets qui pourraient exister en temps imaginaire et que nous avons déjà croisés plusieurs fois. L'interprétation que Manin propose aujourd'hui de l'effet tunnel vu comme

1. Yuri Manin, *Mathematics as Metaphor, op. cit.*

une évolution en temps imaginaire constitue donc, selon nous, un argument de poids en faveur de la réalité du temps imaginaire. Une réalité qui, cependant, a déjà été mise en évidence par un effet physique aujourd'hui bien connu : l'« effet Hartman ». Celui-ci est constaté lorsqu'une particule élémentaire (photon ou électron) traverse une barrière à une vitesse supérieure à celle de la lumière. Parfois même, le déplacement de part et d'autre de l'obstacle est instantané, ce qui fait dire aux observateurs que la vitesse est devenue imaginaire. À partir de là, les interprétations divergent et suscitent d'intenses débats parmi les physiciens. Pour notre part, nous pensons que le débat n'a pas vraiment lieu d'être : une fois de plus, c'est le temps de franchissement lui-même qui, selon nous, est devenu imaginaire.

Étrangement, les expériences d'Aspect – et leurs nombreuses variantes, entre autres celles du physicien Autrichien Anton Sellinger – sont depuis quelques mois au centre de l'actualité puisque celui qui en a été l'initiateur, le physicien théoricien et philosophe Bernard d'Espagnat (à l'époque directeur du laboratoire) vient de recevoir l'une des plus hautes distinctions existant pour un physicien : le prix Templeton. Nous avons retrouvé Bernard d'Espagnat chez lui en mars 2009 et il nous a longuement reparlé de l'expérience d'Aspect, qu'il avait conçue dans les années soixante-dix avec John Bell.

Et trente ans après la fameuse expérience, nous lui avons confié que selon nous, la corrélation instantanée entre particules élémentaires avait lieu « hors de l'espace-temps », dans le « temps imaginaire ». La réussite des expériences de ce type constitue un indice important en faveur de l'existence d'un temps imaginaire (au sens mathématique) qui, selon nous, aurait précédé le temps réel, celui dans lequel nous vivons. Et plus profondément encore, plus bouleversant pour l'esprit, il existe un lien profond, en train d'émerger, entre la « téléportation quantique » et les nouvelles approches de la théorie de l'information : l'une et l'autre impliquent l'existence du temps imaginaire. Ce qui redéploie dans un cadre insoupçonné, invisible il y a encore quelques années, la question de l'origine du temps.

Et maintenant, voici une nouvelle et fantastique étape dans notre recherche des traces du temps imaginaire. Cette fois, nous irons les chercher au fond d'un trou noir.

20

Au fond d'un trou noir

L'aventure que vous allez vivre maintenant pourrait presque vous arriver. La « chose » qui vous attend est bien réelle. Elle se tient en ce moment même tapie au centre de la Voie lactée, à 27 000 années-lumière d'ici. En kilomètres, cela fait tout juste 243 millions de milliards de kilomètres. C'est un astrophysicien américain qui nous en a livré les détails, voici quelques jours. Dans quelques instants, vous allez vivre comme si vous y étiez l'aventure la plus mystérieuse qui puisse vous arriver. Même s'il ne s'agit que d'une histoire, celle-ci est tout à fait vraisemblable. Tout autant que le sont les hypothèses calculées aujourd'hui par les physiciens qui explorent les trous noirs à l'aide de leurs équations, les Schwarzschild, Chandrasekhar, Bekenstein, Hawking et bien d'autres. Cette aventure, dont nous avons discuté chaque étape avec les experts des singularités, va vous apprendre quelque chose d'inouï qui va transformer votre façon de voir la réalité. Et, peut-être, le commencement du temps.

Préparez-vous…

Dans le vide interstellaire

Vous êtes dans le vide sombre, au milieu d'un immense champ stellaire, en plein centre de notre galaxie. Vous êtes confortablement installé dans un tout petit vaisseau de l'espace semblable à une bulle transparente à deux places. Vous n'êtes pas seul : votre chien, Pasco, est tranquillement assis sur le siège du passager, comme dans une voiture. Il n'est pas attaché et pour qu'il puisse « sortir » (il raffole de ces petites excursions spatiales où il peut se dégourdir les pattes et faire le tour du vaisseau suspendu dans le vide), vous lui avez fait enfiler son scaphandre de protection.

Vous êtes donc en train de glisser mollement dans l'infini et derrière la vitre, vous contemplez le merveilleux panorama cosmique. La région est très dense en gaz, en poussières et en étoiles, beaucoup plus qu'ailleurs. Par milliards, dispersées dans la noirceur glacée en poudre d'argent, elles rayonnent froidement dans l'infini : sous vos pieds, à droite, à gauche, au-dessus de votre tête. Partout. Et vous voyez tout à travers votre bulle. Jusqu'aux confins de l'Univers. Votre compagnon de route jappe joyeusement devant ce spectacle grandiose.

Or, dans un instant, quelque chose de fantastique va se produire sous vos yeux. Un cataclysme que l'on n'a encore jamais pu observer (ni de près ni de loin). En face de nous, une étoile mourante est en train de brûler ses dernières réserves. Elle est sur le point de s'éteindre. Dix fois plus grosse que notre soleil, l'astre va s'effondrer sur lui-même, en quelques minutes à peine ! Au cours de cette inconcevable catastrophe, la matière de l'étoile morte franchit des centaines de milliers de kilomètres et s'entasse vers le centre. En raison de la densité grandissante, la force de gravitation devient très vite fantastique, distordant comme sous des griffes monstrueuses les résidus matériels de l'étoile. Bientôt, il ne reste plus rien de l'énorme soleil qui était là une heure plus tôt ; rien si ce n'est la masse de l'astre effondré et son fabuleux champ gravitationnel. Cette houle gravitationnelle est d'ailleurs si intense que même à cette distance, votre petite chaloupe est ballottée de toutes parts, comme frappée par des vagues invisibles.

Face au trou noir

Vous vous approchez alors de l'endroit où s'est déroulé ce cataclysme. Alors qu'ailleurs tout est immobilité pure, vous venez de déboucher au-dessus d'une région très bizarre. Une sorte d'anneau phosphorescent, fait de gaz et de débris multicolores de matière. Cette immense couronne de poussière stellaire tourne lentement à la périphérie et de plus en plus vite à mesure qu'on approche du centre. Mais au milieu, vous ne voyez plus rien. Rien qu'une sorte de trou immense, sans fond et d'une noirceur indescriptible. Où êtes-vous ? Au-dessus de la gorge béante du monstre le plus étrange et le plus vorace de tout l'Univers : un trou noir ! L'un de ces astres effondrés que les astrophysiciens ont découverts par le calcul – et commencent aujourd'hui à observer indirectement – dans l'Univers.

Celui-ci n'était pas porté sur votre carte. Rien d'étonnant car il s'est formé la semaine passée, en moins d'un quart d'heure – en général, lorsqu'une étoile commence à s'effondrer sur elle-même, le processus se déroule à une vitesse hallucinante, quelques minutes à peine. Et il est très petit, tout juste cinq kilomètres d'un bord à l'autre. Quant à sa masse, elle représente environ deux fois celle de notre soleil. Et derrière lui, l'image de la constellation de Magellan est déformée comme par une sorte de loupe.

Or votre chien n'aime pas ce qu'il vient d'apercevoir sous ses pattes. Le poil hérissé, montrant les dents, il se met à grogner, dérangé par cette chose qu'il ressent comme la plus terrible menace qu'il ait jamais eu à affronter.

Que va-t-il se passer ?

Ce qui, inévitablement, devait arriver : l'animal s'agite sur son siège, se débat, aboie furieusement, d'un bond vous échappe et se jette contre la petite portière qu'il ouvre d'un coup de patte en appuyant sur le bouton rouge. Vous n'avez même pas le temps de réagir : alors qu'un masque à oxygène tombe automatiquement sur votre visage, l'air de votre petit habitacle est violemment chassé dans le vide. Votre chien est expulsé comme un bouchon de champagne. L'instant suivant, la porte se referme automatiquement, la cabine redevient étanche et se remplit d'air à nouveau. Encore étourdi par ce qui vient de se produire, vous cherchez Pasco du regard. Mais il est déjà très loin.

En chute vers le trou noir

Au lieu de flotter dans l'espace, comme c'est le cas habituellement, l'animal dégringole à toute vitesse vers le puits au-dessous de lui. Dans votre casque, vous continuez à entendre ses aboiements où se mêle à présent quelque chose comme de l'affolement. Vous l'appelez et le son de votre voix le calme pour quelques instants.

Le trou noir a capturé Pasco. Et il ne le rendra plus. Chaque poil, chaque atome, chaque particule élémentaire de son corps sont soumis à la formidable attraction.

Bientôt, il franchit une première frontière : l'orbite (ou sphère) des photons. À partir de là, les rayons lumineux commencent à devenir instables : certains photons (ou « grains de lumière ») vont s'échapper et remonter vers l'extérieur. Mais d'autres vont tomber dans le trou noir. À ce stade, votre chien peut encore faire machine arrière et s'éloigner du gouffre cosmique.

Vers l'horizon des événements

Mais il n'y a rien à faire. Pasco tourne sur lui-même comme une toupie, saturant la cabine de ses hurlements qui ont repris de plus belle. Sans même qu'il s'en rende compte, toutes griffes dehors, tentant en vain de freiner des quatre pattes, il franchit en trombe une deuxième limite, que les physiciens appellent « l'horizon des événements ». Un peu comme la margelle invisible d'un puits, elle marque la séparation entre l'intérieur du trou noir et le reste de l'Univers. Une fois passée cette surface invisible, il est totalement impossible de revenir en arrière ! Et c'est ce qui est arrivé à votre chien : à partir de maintenant, quels que soient ses efforts, il va couler inexorablement dans les entrailles du monstre cosmique. En réalité, il s'agit d'un immense tourbillon gravitationnel, un siphon d'une puissance inouïe, qui engloutit et détruit tout ce qu'il avale, jusqu'aux structures mêmes de l'espace et du temps.

Dans la gorge du trou noir

À présent, autour de votre chien, le « paysage » devient de plus en plus étrange. Comme pour se rassurer, il regarde vers le haut, en direction de votre vaisseau.

Celui-ci lui apparaît alors au loin tout déformé, comme étiré dans le sens de la chute. Au loin les étoiles et les constellations brillent de plus en plus faiblement, commencent à s'estomper. Et à chaque seconde, le cosmos tout entier semble se tordre davantage sous ses yeux roulant dans tous les sens. Mais ce n'est que le début. Très vite, le trou noir courbe l'espace à tel point qu'il devient possible à votre chien de voir sa propre queue. En effet, la lumière reflétée par l'arrière est incurvée et renvoyée en sens inverse par le trou noir comme par un miroir.

Et en bas, sous ses pattes, que voit donc Pasco ? Rien. Seulement le noir. L'image effrayante du néant à l'intérieur du néant.

Mais n'ayez pas peur : au bout de l'incroyable chute de votre chien, vous allez découvrir, tout au fond du trou noir, quelque chose de totalement inattendu – un phénomène que pendant longtemps les physiciens ne pouvaient même pas imaginer.

Depuis l'extérieur

Que se passe-t-il vu de l'extérieur ? Votre petite chaloupe de l'espace est immobile au-dessus de l'horizon et à présent, elle ne risque plus rien. Alors que voyez-vous ? En fait, vous pouvez encore apercevoir Pasco dans le lointain. À l'aide d'une caméra d'observation, vous agrandissez alors cette image. Et ce que vous observez vous surprend : Pasco ne bouge plus. D'ailleurs, ses aboiements se sont transformés en une sorte de grondement sourd et tombent dans votre cabine au ralenti. Gueule grande ouverte, la langue pendante, il est figé sous vos yeux, comme s'il n'avait pas encore franchi l'horizon. Pourquoi ? Parce qu'à l'intérieur du trou noir, en raison des énormes forces de marée gravitationnelle, le temps s'écoule bien plus lentement qu'au-dehors, dans le reste de l'Univers. Résultat : les rayons lumineux émis par votre chien mettront de plus en plus de temps pour vous atteindre à l'extérieur. Mais ce phénomène ne durera pas longtemps. Très vite, les particules de lumière qui s'échappent du corps de votre chien sont à leur tour englouties par le trou noir. Et c'est le dernier acte visible de la tragédie : l'image de votre chien se dépigmente, devient floue et finit par s'effacer, point par point, jusqu'à disparaître totalement dans les ténèbres.

Mais pour lui, que se passe-t-il ?

À l'intérieur du gouffre gravitationnel

Des choses étonnantes. Car une fois franchi l'horizon du trou noir, l'espace et le temps se sont inversés : désormais, l'espace « s'écoule » inexorablement vers la singularité finale, sans qu'il soit plus jamais possible de revenir en arrière. Pasco aura beau se débattre, inexorablement il finira par tomber au fond du trou noir. Même si pour lui le temps ralentit, à chaque instant la situation se complique. Son corps commence à se déformer et prend d'effroyables proportions. Comme la gravité s'exerce plus fortement sur sa tête que sur sa queue (moins massive), il commence à s'étirer, à s'allonger tel un élastique, jusqu'à mesurer un kilomètre du museau à la queue. Puis bien davantage à mesure qu'il s'enfonce. Bientôt, il atteint le million de kilomètres. Et pour lui, le temps a perdu toute signification. Une seconde dure un an. Puis un siècle. Puis un million d'années. Plus on s'enfonce dans les entrailles du puits, plus il ralentit.

À ce stade, l'écrasement subi par notre explorateur involontaire est indescriptible. À mesure que la gorge du siphon noir se resserre, votre chien est transformé en un nuage moléculaire puis en une brume d'atomes et de particules élémentaires. Enfin, cette nuée impalpable qui n'est déjà plus de la matière finit par atteindre un troisième et dernier horizon : l'horizon de Planck, la plus petite portion d'espace physique qui puisse exister. Sur cette ultime frontière de ce qui reste de la réalité physique, le rayon du trou noir, d'une trentaine de kilomètres à l'horizon est passé à 10^{-33} centimètre.

Qu'est-ce que cela veut dire ?

Ici, nous atteignons la frontière ultime de la science : face au mur de Planck, celle-ci n'est plus en mesure d'affirmer quoi que ce soit. Résultat : aujourd'hui, pas un seul physicien au monde ne peut dire ce qui peut bien se passer *au fond* d'un trou noir. Tout au plus peut-on risquer des hypothèses, par nature fragiles et susceptibles d'être contredites.

À ce stade, nous proposons donc la nôtre.

L'arrêt du temps au fond du trou noir

Nous avons soumis notre idée pour la première fois en 1995 à Gerard 't Hooft, de l'université d'Utrecht, inventeur du nom (et découvreur de certaines des propriétés) d'un objet théorique au cœur de nos travaux de thèse sur l'origine de l'Univers : l'instanton. Nous reviendrons sur cet étrange objet. Pour l'heure, rappelons que Gerard 't Hooft a écrit plusieurs articles importants sur les trous noirs, en particulier les trous noirs quantiques (un trou noir devient nécessairement quantique lorsque son rayon rétrécit, devient infime et atteint l'échelle de Planck). Il connaît bien ces mystérieux phénomènes.

Qu'avons-nous proposé à l'époque ? De considérer avant tout que le temps (du moins tel que nous le connaissons) s'arrête à la longueur de Planck. D'ailleurs sur ce point, nous ne prenons pas beaucoup de risques : tous les physiciens sont aujourd'hui d'accord pour dire que le temps et donc l'espace n'ont plus aucun sens passé la limite de Planck. À partir de là, par quoi les remplacer ?

Fluctuations quantiques du temps

Selon nous, il se passe un peu la même chose (mais à l'envers) au fond des trous noirs et à l'origine de l'Univers. Autrement dit, dans les profondeurs du trou noir, lorsque le rayon atteint la longueur de Planck et que l'astre effondré devient quantique, l'espace et le temps se déforment, deviennent flous et commencent à fluctuer. En particulier, le signe de la coordonnée du temps pourrait se mettre à osciller et à changer. Plus exactement, sous la colossale poussée gravitationnelle, il se pourrait que l'axe du temps réel finisse par basculer et devienne imaginaire pur, au sens mathématique. Dans ce cas, le temps cesserait de s'écouler : il serait « figé » au fond du trou noir. Au lieu de compter les instants avec des nombres réels, on va les compter avec des nombres imaginaires. On le verra dans quelques instants, les choses sont loin d'être simples. Ce phénomène de temps « gelé » au fond du trou noir est théoriquement comparable à ce qui – toujours selon nous – pourrait s'être passé à l'origine de l'Univers, lorsque celui-ci n'était pas plus grand que la longueur de Planck.

Temps imaginaire au fond du trou noir

Une fois passées les turbulences quantiques à l'échelle de Planck, nous atteignons la singularité finale. Étrangement, elle présente des points communs avec la singularité initiale de l'espace-temps. Le premier, c'est qu'il s'agit d'un point, un simple point mathématique, tapi tout au fond du terrifiant siphon gravitationnel. De même, au voisinage de ce point, les tensions gravitationnelles sont extrêmes, indescriptibles (même si les tenseurs de courbure qui interviennent exercent des effets inverses dans les deux cas). Mais il y a autre chose de bien plus important : tout comme pour la singularité initiale, le temps devient imaginaire pur sur la singularité finale du trou noir. Pourquoi ? Encore une fois, en raison de la fantastique courbure qui règne au fond du monstre cosmique. Une fois franchie l'étape de fluctuations quantiques décrite ci-dessus, la courbure achève, selon nous, de faire basculer définitivement le temps en direction de l'axe imaginaire.

Or si c'est bien le cas, ceci a une conséquence spectaculaire. En effet, vous vous souvenez que Hawking et, derrière lui, la plupart des physiciens pensent aujourd'hui que l'information des objets engloutis par le trou noir « survit » à cet engloutissement. Hawking a en effet montré que l'entropie d'un trou noir représente un quart de sa surface (et non pas de son volume) : cela nous fournit une mesure de l'information cachée derrière l'horizon des événements. Autrement dit, notre chien imprudent de tout à l'heure n'est finalement pas détruit par le trou noir : son information survit bel et bien. Mais souvenez-vous encore : nous avons suggéré dans les chapitres précédents que l'information ne peut être encodée qu'en temps imaginaire (et non pas en temps réel). La conclusion est donc tentante : le consensus autour de l'idée d'une conservation de l'information par le trou noir nous amène à suggérer que celle-ci est conservée sur la singularité finale, là justement où le temps est imaginaire ! On ne sera donc pas surpris que nous considérions que la conservation de l'information par les trous noirs soit un indice fort – un de plus – en faveur de l'existence du temps imaginaire. De la cinquième dimension.

Face aux idées nouvelles

Que penser de tout cela ? Le physicien théoricien et expert en théorie des cordes Costas Kounnas, dont nous avons déjà parlé, avait souligné l'intérêt d'une application possible de notre idée de fluctuation du temps dans les trous noirs. Le 26 janvier 2000, il écrivait ceci dans son rapport sur l'une des deux thèses après soutenance : « Partant de la métrique du trou noir linéarisée de la théorie d'Einstein, qui est valide pour un potentiel gravitationnel petit, M. Bogdanov propose une modification adéquate de la gravitation quantique telle que la solution linéarisée devienne une solution locale exacte de la théorie modifiée aux confins des métriques euclidienne et lorentzienne [1]. »

Un an plus tôt, en 1999, Costas Kounnas avait déjà insisté sur la possibilité d'envisager sérieusement l'application de notre idée de fluctuation du temps dans les trous noirs quantiques : « À mon avis, le travail de thèse de M.G. Bogdanov est d'un grand intérêt, exposant des idées nouvelles qui ont des implications de physique fondamentale en cosmologie et dans de nombreux autres phénomènes gravitationnels tels que les trous noirs [2]. »

1. Costas Kounnas (ENS/CERN) : rapport de thèse après soutenance (2000).

2. Costas Kounnas (ENS/CERN) : rapport de thèse avant soutenance (1999).

Nous avons développé cette hypothèse dans un article publié en 2002 dans *Annals of Physics* [1] et au préalable longuement discuté avec Roman Jackiw, physicien théoricien au MIT. Or, comme nous venons de le voir, si le temps devient instable (parce que fluctuant) au cœur des trous noirs quantiques, cela a d'intéressantes conséquences pour la suite. Ou plutôt pour la fin de l'histoire dans le trou noir : celle-ci se joue dans le temps imaginaire.

Notre recherche de l'ombre portée par la cinquième dimension dans notre réalité s'achève. Mais à plusieurs reprises – et surtout dans le présent chapitre –, nous avons eu affaire au concept d'information. On la retrouve aux deux bouts de la chaîne du temps : là où il commence, au cœur de la singularité initiale, et là où il s'achève, dans le piège de la singularité finale. Cette double présence de l'information aux deux extrémités du temps, là où il devient imaginaire, nous incite à ouvrir un dernier chapitre : celui de l'Univers information. Qu'allons-nous y trouver de nouveau ?

---

1. I. et G. Bogdanov, « Spacetime Metric and the KMS Condition at the Planck Scale », *Annals of Physics*, vol. 295, n° 2, 2002.

21

L'UNIVERS INFORMATION

Vous êtes donc sur le point d'achever votre extraordinaire voyage vers le commencement du temps. Pourquoi l'Univers existe-t-il ? Si jusqu'ici la science restait muette, laissant le champ libre à une métaphysique souvent trop vague ou trop abstraite, mal équipée pour répondre, nous pensons que le moment est venu d'une approche nouvelle, en ligne droite, des « grandes questions ». Or étrangement – mais au fond ce n'est pas si surprenant que ça –, la plupart de ces interrogations touchant à l'essence même des choses, au sens caché de notre existence, se trouvent comme reflétées, portées et déjà *présentes* au sein de cette question unique, l'une des plus fascinantes de toutes : le temps a-t-il eu un commencement ?

Plus précisément : est-ce que ce commencement ressemble vraiment à ce que nous avons décrit au dernier chapitre de notre voyage ? Est-il raisonnable (pour ne pas dire pensable) de considérer que l'Univers est né d'un prodigieux flot d'information qui aurait trouvé sa source dans le zéro ?

La réponse à cette question passe, pour commencer, par l'étrangeté du monde qui nous entoure. Lorsque l'on se promène, à la campagne ou dans la rue, tout ce que nous voyons nous semble aller de soi. Pourtant, ce paysage en apparence banal renvoie à un profond mystère. Par exemple : pourquoi ces arbres, ces chiens, ces chats ont-ils telle ou telle forme ? Qu'est-ce qui fait qu'ils ressemblent à ce qu'ils sont ? Pour quelle raison le monde est-il stable dans l'espace et dans le temps ? Commençons par prendre conscience de certaines forces sensibles à notre échelle. Ainsi, ce crayon entre vos doigts : si vous le lâchez, il tombera à terre. Pourquoi ? Parce qu'il est soumis à la force de gravitation. Or, derrière les scènes que vous vivez et les objets apparemment disparates qui passent tous les jours entre vos mains se dissimulent des forces fondamentales qui règlent aussi bien la marche des passants que le comportement des voitures ou celui des feux rouges. Mais contrairement à ce qu'on pourrait croire, il est possible de compter l'ensemble de ces forces sur les doigts d'une seule main : il n'existe en tout et pour tout, que quatre forces dans la nature : elles expliquent à la fois le comportement de l'atome et celui des étoiles, la désintégration d'une particule élémentaire et la course des galaxies dans l'immensité de l'Univers.

Supposons que, pour une raison inconnue, l'une de ces forces, par exemple la gravitation, « tombe en panne ». Au premier instant, il ne se passerait rien de visible. Tranquillement installés à la terrasse d'un café, nous pourrions croire que la vie se poursuit comme si de rien n'était. Pourtant, très vite, les premières anomalies commenceraient à se manifester. Quelques instants avant la panne, les piétons marchaient avec nonchalance sur le trottoir, sans se soucier du poids de leur corps ou de l'énergie à déployer pour avancer. Mais voilà qu'à présent ils quittent le sol, projetés avec lenteur vers le haut par leur dernier pas sur le macadam. Au moment où nous portons la tasse de thé à nos lèvres, le liquide se transforme en une boule flottante au-dessus du récipient que, stupéfaits, nous venons de lâcher. À l'intérieur du café règne un désordre épouvantable : les cuillères, les verres, les cendriers, etc., dérivent mollement dans l'air. Affolés, quelques clients ont bien tenté de se lever, mais ils ont été brutalement projetés au plafond. À chaque seconde la scène s'aggrave davantage. Voici que le fleuve voisin se transforme en une myriade de bulles qui s'envolent doucement, en même temps que les péniches. Des voitures dérivent au-dessus des immeubles sans que leurs conducteurs puissent rien tenter pour rejoindre le sol. Tout cela pourrait presque sembler cocasse si des conséquences catastrophiques ne venaient assombrir la scène. Quelques heures plus tard, nous serions tous condamnés à mort par asphyxie : libérée de l'attraction terrestre, l'atmosphère de notre planète finirait par se disperser dans l'espace. Non seulement nous ne pourrions plus respirer, mais encore la disparition de cette couche protectrice exposerait les rares survivants aux effets nocifs du rayonnement solaire. Et en supposant même que nous puissions nous protéger de ces catastrophes dans une chambre étanche, alimentée en oxygène, nous ne pourrions échapper à un sort plus terrible encore : la mort par le froid dans le vide spatial. Car, bientôt, la Terre s'éloignerait du Soleil pour s'enfoncer dans le grand vide de l'espace où règne une température voisine de 273 degrés en dessous de zéro. Imaginez-vous, place du Trocadéro, plongé dans une obscurité sinistre, le soleil ayant disparu parmi les milliards d'étoiles. Un dernier coup d'œil vers le ciel nous révélerait que les galaxies elles-mêmes sont en train de se défaire, tandis que des centaines de milliards d'étoiles se dispersent sans espoir au sein de l'immensité.

Voici un tableau à vrai dire peu réjouissant qui nous permet de saisir toute l'importance de la force de gravitation que nous côtoyons tous les jours sans y penser. Mais qu'en est-il des trois autres ? Nous vivons à chaque instant aux côtés d'une autre force, la force électromagnétique. Là encore, on a du mal à imaginer que celle-ci s'applique à bien d'autres phénomènes que la lumière ou l'électricité. Qu'y a-t-il de commun entre un fer à repasser, un rayon de soleil et la laisse d'un chien ? Même les amateurs de charades les plus avertis auront du mal à découvrir qu'il s'agit de la force électromagnétique. Cette force permet en effet de rendre compte des phénomènes électriques et magnétiques. Afin de bien comprendre quelles sont les manifestations de cette force, il suffit de nous poser ici quelques questions simples. Qu'est-ce que la lumière ? Pourquoi un rayon de soleil est-il chaud ? Pourquoi les aimants attirent-ils le fer ? Pourquoi encore, après avoir passé plusieurs fois une brosse dans votre chevelure, constatez-vous que vos cheveux sont attirés par le plastique de la brosse ? Les uns et les autres ne sont que des manifestations différentes de la seule force électromagnétique. Par exemple, si nous pouvons écouter de la musique à la radio ou regarder des films sur l'écran de notre téléphone portable, c'est que les informations sonores ou visuelles sont transportées par des ondes. Mais des ondes de quoi ? En fait, des ondes de « quelque chose » qu'il nous est impossible de voir, de sentir ou de toucher, mais qui résulte de la combinaison de l'électricité et du magnétisme : des ondes électromagnétiques. Certaines de ces ondes sont très longues : ce sont, par exemple, les ondes hertziennes, qui, d'une crête à une autre, sont mesurées en kilomètres ; d'autres, au contraire, sont beaucoup plus courtes : celle de la lumière visible et celle des couleurs ne dépassent pas la longueur de 8 dix-millièmes de millimètre.

Or au-delà des couleurs, tous les objets de notre vie quotidienne dépendent, eux aussi, de la force électromagnétique : sans qu'on le sache, c'est elle qui permet à ce verre, à cette chaise et à tout ce qui nous entoure de conserver une forme stable dans l'espace et dans le temps. Lorsque notre chien Pasco tire sur sa laisse, les atomes composant la lanière de cuir sont liés entre eux par l'échange incessant de certains électrons de charge négative qui subissent l'attraction des noyaux de charge positive. Nous retrouvons ici la force électromagnétique : c'est bien elle qui s'oppose à la dissolution pure et simple de la laisse.

Or que se passerait-il si, tout à coup, la force électromagnétique venait à disparaître ? Cette fois, nous serions confrontés à des conséquences encore plus épouvantables que dans le cas de la gravitation : la laisse de Pasco, l'eau du fleuve, les arbres, tous les objets se dissocieraient en quelques instants. Et on ne peut que frémir en imaginant ce qui se passerait pour les êtres vivants. Personne n'ignore, par exemple, que notre corps est composé d'environ 70 % d'eau. Une molécule d'eau est formée de deux atomes d'hydrogène pour un atome d'oxygène : sans la force électromagnétique ces molécules se dissocieraient. Si l'on supprimait l'attraction entre noyaux (positifs) et électrons (négatifs), tout l'édifice moléculaire se dissoudrait du même coup : les atomes d'oxygène qui composent notre corps iraient se mêler à l'air ambiant, tandis que, plus légers, les atomes d'hydrogène s'envoleraient aussitôt vers la haute atmosphère. Seuls les éléments plus lourds, comme le fer, le calcium ou le carbone, tomberaient sur le sol pour former un sinistre monticule de poussière grise, ultime vestige minéral de ce qui, quelques instants auparavant, était encore un être humain.

En somme, la cohésion de l'eau contenue dans ce verre ou dans les océans, celle des arbres, des fleurs ou de cette mouche, dépendent de la force électromagnétique. Sans elle, le visage de notre univers serait méconnaissable, à tel point que la vie n'aurait jamais pu y apparaître.

Il nous reste encore deux forces à examiner : la force nucléaire faible et la force nucléaire forte. L'une comme l'autre jouent un rôle tout aussi fondamental dans l'équilibre de la nature. Que se passerait-il si elles étaient soudain anéanties ? Là encore, leur disparition aurait des conséquences terribles. Si nous supprimions la force dite « faible », le scénario serait aussi désastreux que dans les cas précédents. De la terrasse de notre café, nous assisterions, impuissants, à l'extinction pure et simple du Soleil. Pourquoi ? Parce que la fusion thermonucléaire à l'origine de son rayonnement en énergie lumineuse et thermique repose sur les interactions nucléaires faibles sans lesquelles, hélas ! une paire de protons ne pourrait se transformer en une paire proton-neutron pour émettre un antiélectron ainsi qu'un neutrino. Du même coup, l'ensemble du processus de fusion thermonucléaire serait remis en cause : là encore, le Soleil ne serait plus en mesure de représenter cette source énergétique indispensable à l'apparition et au développement de la vie sur Terre.

Et enfin, dernière des quatre forces de la nature : l'interaction nucléaire forte. Celle-ci est un peu comparable à une sorte de « colle » ou de ciment qui assure la cohésion du noyau atomique. Autrement dit, elle maintient les protons et les neutrons étroitement associés les uns aux autres. On peut d'ores et déjà imaginer ce qui se produirait si elle se mettait brutalement en grève : les protons de charge positive se repousseraient violemment avant de se dissocier à leur tour en particules infinitésimales : la Terre tout entière, le Soleil et l'Univers seraient transformés en une vapeur de « quarks », ultimes constituants du proton dont nous avons déjà dit quelques mots.

Faisons le point. La réalité apparaît à tous sous une forme tangible : ce crayon est composé de particules à propos desquelles nous supposons, intuitivement, qu'il s'agit de petits grains de matière. Mais en même temps, lorsque nous lâchons ce crayon, la réalité se manifeste sous une autre forme, immatérielle : la force de gravitation qui agit bel et bien sur la matière et sur ses particules. Mais de quoi sont faites ces forces ? Ici, il nous faut évoquer une nouvelle fois la distinction fondamentale introduite par le modèle standard de la physique entre deux familles de particules. La première est constituée de particules apparemment « matérielles ». Il est relativement simple d'imaginer ces particules comme de minuscules grains de sable ou de poussière : l'électron, par exemple, fait partie de cette famille de particules de matière que l'on regroupera, avec d'autres particules comme le neutrino, sous le nom général de « fermions ». Nous venons de le voir, ces particules interagissent entre elles par l'intermédiaire de certaines forces. Et ici, une question vient immédiatement à l'esprit : ces forces seraient-elles la manifestation d'autres particules dont nous ne soupçonnons pas l'existence ? Des particules, invisibles avec les moyens classiques d'observation, qui seraient néanmoins les instruments de ces forces ? Pour répondre à cette question, les chercheurs ont donc postulé l'existence d'une deuxième famille de particules : les particules de champ, qu'ils ont regroupées sous le nom générique de « bosons de jauge ». Sans entrer dans le détail, on peut dire que les théoriciens ont appliqué aux autres forces les idées qui leur avaient si bien réussi dans le domaine de l'électrodynamique quantique et qui leur avaient permis d'expliquer l'interaction électromagnétique. De ce point de vue, les fermions, c'est-à-dire les particules de matière, échangent entre elles d'autres particules, les bosons de jauge, qui jouent un rôle de liaison ou de messagers. Ce sont ces échanges permanents qui donnent leur réalité concrète aux champs. Pour prendre une image, le rôle joué par les bosons dans la cohésion de la matière pourrait être comparé à celui du ballon dans une équipe de rugby : c'est en circulant d'un joueur à un autre que le ballon assure la cohésion de l'équipe tout entière.

Cependant, cet exemple commode ne permet pas d'éviter une question fondamentale : quelle est, au niveau le plus profond des phénomènes, l'essence même de la réalité ? Qu'y a-t-il « en dessous » du monde mystérieux des particules ? À quoi obéissent-elles ? Pour revenir à l'exemple de notre équipe de rugby, ce n'est pas seulement le ballon qui assure la cohésion du groupe sur le terrain, c'est aussi un ensemble de règles appliquées à chaque instant par les joueurs. Dès lors, existe-t-il des règles, un code sous-jacent à la réalité ? Il ne suffit pas d'énoncer l'existence des lois physiques pour expliquer leur raison d'être et leur essence profonde. C'est en substance ce qu'affirme John Wheeler : selon lui, l'Univers pourrait être comparé à un système de traitement d'informations duquel émergerait, à un niveau de réalité manifeste, l'illusion d'un monde matériel. Cette information fondamentale dont parle Wheeler pourrait-elle exister en temps imaginaire ? à l'instant zéro qui précède le Big Bang ?

Leibniz et le mystère de l'origine

Répondre à la question ouverte par ce livre, c'est aller loin jusqu'au pourquoi des choses, jusqu'à l'interrogation vertigineuse formulée par Leibniz au XVIIe siècle : pourquoi y a-t-il quelque chose plutôt que rien ? Laissez la question trouver le chemin de votre esprit, et faites le silence autour d'elle. Vous vous apercevrez alors que c'est la plus importante de votre vie mais que pour la formuler telle quelle, il fallait la penser *à la fois* en philosophe et en mathématicien. Ce qui est le cas de ce penseur que vous connaissez depuis les bancs du lycée : Leibniz, bibliothécaire du duc de Brunswick durant près d'un demi-siècle, diplomate et homme de loi, mais aussi auteur des *Discours de métaphysique* et créateur du calcul infinitésimal, du mot « topologie » et du fameux symbole d'intégration en forme de S allongé dont vous vous êtes sans doute servi en essayant tant bien que mal de résoudre des intégrales en classe.

Ici, une parenthèse amusante, ouverte par le théoricien Luboš Motl. En 2008, dans *L'Équation Bogdanov*, il signale entre mille autres choses que depuis peu existe une « généalogie » des mathématiciens, grâce au « Mathematics Genealogy Project », dépendant de l'université du Dakota et de la Société américaine de mathématique. En effet, ses responsables nous ont contactés il y a quelques années et aujourd'hui, nous figurons dans l'arbre mathématico-généalogique pour nos thèses. Or, notre filiation, via notre directeur de thèse Moshé Flato, remonte vers l'académicien André Lichnerowicz (l'un des promoteurs de la théorie des ensembles), puis vers Lagrange (père du fameux « lagrangien » utilisé par tous les physiciens du monde), Alexander Euler (directeur de thèse de Lagrange et découvreur de la fameuse « identité d'Euler », considérée comme la plus belle formule de toutes les mathématiques) et ainsi de suite jusqu'à... Leibniz lui-même !

De la relativité au calcul binaire

Il nous paraît étrange, pour ne pas dire irréel, de savoir aujourd'hui que nous « descendons » (du point de vue scientifique) du légendaire mathématicien et philosophe allemand. Mais au-delà de l'anecdote, il y a autre chose. Deux bonnes raisons de voir dans cette filiation quelque chose de curieusement juste. En premier lieu, comme le remarque d'ailleurs Motl, Leibniz s'est fortement opposé à l'idée absolue que Newton (qui s'est d'ailleurs lancé dans un procès aussi retentissant qu'injuste contre lui) se faisait du temps. Incroyablement précurseur – comme s'il avait « vu » la relativité deux siècles en avance, Leibniz écrit : « Je considère que l'espace est quelque chose de simplement relatif, tout comme le temps [1]. » Il a d'ailleurs pris soin d'ajouter cette deuxième observation : « Je ne crois pas qu'il y ait aucun espace sans matière ». Ce qui revient à dire que pour lui, il n'existe pas non plus de temps sans matière, idée dans le droit fil de la relativité et qui, naturellement, a des conséquences sur le problème du commencement du temps. Nous y reviendrons.

Mais voici à présent la deuxième raison – la plus importante – de nous sentir extraordinairement proches de sa pensée. En effet, Leibniz est le découvreur du calcul binaire. Chose incroyable, dans un compte rendu de l'Académie des sciences daté de 1703, on trouve un article prophétiquement intitulé : « Explication de l'arithmétique binaire, qui se sert des seuls caractères 0 et 1 ». Il est très émouvant de lire cet article en entier. Nous l'avons fait. Et nous y avons senti, un quart de millénaire avant la naissance de l'informatique, passer le souffle du futur. En lisant, ligne après ligne, nous avons pu constater à quel point

1. Lettre à Clarke, article troisième (*cf.* Wilhelm Gottfrid, *Leibniz. Principes de la nature et de la grâce* [1714], Paris, PUF, 1986).

le philosophe était intrigué, profondément perplexe devant ces deux seuls chiffres, le 0 et le 1 à la base d'une arithmétique nouvelle. Entrevoyant, comme une lueur de l'avenir, la silhouette incertaine des supercalculateurs dans la nuit du XVIIe siècle, on le voit au fil des paragraphes s'interroger longuement sur les applications possibles de ce calcul binaire, s'émerveillant de la facilité d'un tel procédé pour tout calculer : non seulement des chiffres, mais aussi des *choses* !

Vers l'Univers information

Vous êtes sur Facebook. Vous venez de recevoir une photo de la dernière soirée où vous êtes passé. Plusieurs de vos amis sont présents. Vous les reconnaissez ici et là, dans tel ou tel groupe. Un détail vous amuse : un chien est parvenu à s'infiltrer dans la soirée. Il a fait sensation, avec la balle rouge vif qu'il serre fermement dans sa mâchoire. Ça, c'est ce que vous voyez à l'écran. Or, cette scène banale, si simple à interpréter, va devenir d'un seul coup incompréhensible si on la réduit à ce qu'elle est réellement : 011000100011011000111000011…, des dizaines de milliers de fois. Une suite infernale de 0 et de 1. Comment pourriez-vous donc établir le moindre rapport entre 0100011100111000101010... et la couleur de la balle du chien ? La réalité n'est donc pas ce qui apparaît sur l'écran. La substance ultime de ce que vous interprétez vous est totalement inaccessible.

Mais ce qui est vrai pour cette image l'est également pour la réalité tout entière : l'essence profonde de tous les objets qui nous entourent vous échappe. Par exemple, le siège sur lequel vous êtes assis. De quoi est-il fait ? On croit le savoir : il y a du tissu, du bois, des ressorts en métal, etc. Tous ces matériaux, vous le savez bien, se décomposent en molécules. Déjà, à ce stade, la représentation n'est pas si simple. Mais les choses se compliquent encore dès que vous tentez de décomposer ces molécules en atomes. Et ce n'est pas fini : « au-dessous » des atomes il y a encore autre chose. Des particules élémentaires, des électrons, des protons, des neutrons. À présent, ce que vous voyez, c'est surtout du vide. Si vous regardez « vers le haut », le tissu de votre chaise est incroyablement loin. Et le pire, c'est que les atomes à la base de ce tissu sont exactement de la même nature que ceux qui composent le bois, le métal des ressorts, etc. Ce qui, dans votre monde, à votre échelle, représente une chaise cohérente n'est plus qu'un effroyable essaim de particules tourbillonnant dans tous les sens. Un essaim auquel vous ne comprenez plus rien et dont vous êtes bien incapable de dire qu'il forme une chaise. La seule chose qui compte, ce sont les interactions entre toutes ces particules. Et c'est à ce niveau très profond de la réalité que, selon les théoriciens de la physique numérique, nous allons retrouver nos 0 et nos 1 : les particules élémentaires elles-mêmes et leurs interactions se réduiraient à un codage numérique.

Nous y voici : la première pierre, le tout début d'une théorie qui, avec l'émergence des ordinateurs et de l'intelligence artificielle, allait changer pour toujours la face du monde : la théorie de l'information. Et du même coup, nous voici également ramenés vers le commencement du temps. De quelle manière ? Quelqu'un d'autre que nous va nous fournir la réponse : il s'agit du mathématicien Gregory Chaitin, père du vertigineux « nombre de Chaitin [1] » et qui tient Leibniz pour son

1. Voir G. Chaitin, *Hasard et Complexité en mathématiques*, Flammarion, 2009.

premier maître. Enthousiaste, s'intéressant à toutes les faces de la pensée du grand philosophe, il n'hésite pas à écrire : « Dans les bits 1 et 0, Leibniz pressentait véritablement une puissance combinatoire capable de donner naissance à l'Univers tout entier [1]. »

Le 0 et le 1 pour donner naissance à l'Univers tout entier !

Gregory Chaitin et nous avons (sans qu'il le sache) un point commun : comme lui, nous avons fêté le passage à l'année 2004 en nous plongeant dans la revue scientifique *Nature*. Or, un article a attiré notre attention. Il avait pour titre : « Ces bits qui constituent l'Univers ». On pouvait y lire, entre autres : « De quoi est constitué l'Univers ? Un nombre croissant de scientifiques pressentent que l'information doit être un élément de réponse particulièrement clef. Certains vont même jusqu'à imaginer que des concepts dérivés de l'information pourraient finir par fusionner avec les notions traditionnelles de particules, de champs et de forces, voire s'y substituer. »

La formule aujourd'hui légendaire de Wheeler « *it from bit* » marque le point de départ de ce mouvement conceptuel de grande ampleur et qui, aujourd'hui, paraît irréversible. Voici comment il présente lui-même sa formule : « "*It from bit*" symbolise l'idée que chaque élément du monde physique a un fondement – un fondement très profond dans la plupart des cas – correspondant à une source immatérielle. Ce que nous appelons réalité provient, en dernière instance, des questions "oui" ou "non". »

Luboš Motl fait partie de cette génération de physiciens dont certaines idées, certaines interrogations, vont dans cette nouvelle direction. Pour lui, « peut-être

1. *Hasard et Complexité...*, *op. cit.*, p. 95.

que la forme la plus fondamentale de l'existence se situe hors de l'espace. Et qu'elle repose plutôt sur différentes formes d'informations qui n'admettent pas une interprétation géométrique simple [1] ». Si cette approche est la bonne, alors le « fond » de la réalité n'est pas fait d'atomes et de particules élémentaires mais de bits et de qubits.

Bits et qubits d'informations

L'idée commence donc à s'implanter, au moins au sein de la nouvelle communauté des chercheurs qui se sont regroupés autour de Seth Lloyd, Stephen Wolfram, Charles Bennett, David Deutsch, Peter Shore et beaucoup d'autres. Chez tous, on retrouve l'hypothèse avancée par Leibniz trois siècles plus tôt : le fond rocheux de la réalité, son étoffe première, n'est pas composé de particules matérielles mais de quelque chose de tout autre, qu'on appelle information. Un bon exemple de cette nouvelle école nous est fourni par David Deutsch, professeur de physique à l'université d'Oxford, lauréat du prix Dirac et qui a été le premier à fournir un algorithme complet de calcul quantique (à l'origine des premiers ordinateurs quantiques). À partir de la formule précitée de Wheeler, le mot préféré de Deutsch est « *it from qubit* ». À ses yeux, la substance de la réalité n'a rien de matériel mais se réduit à un nuage binaire fait de zéros et de un : « La séquence infinie de zéros et de un dans son expansion binaire – une quantité infinie d'information observable – se trouve présente dans n'importe quel objet habituel [2]. »

1. L. Motl, *L'Équation Bogdanov*, *op. cit.*
2. D. Deutsch, « It From Qubit », *in* J.D. Barrow, P.C.W. Davies, C.L. Harper (éd.), *Science and Ultimate Reality : Quantum*

On s'en souvient bien sûr, les 0 et les 1 sont la « matière première » des fameux qubits, ces unités d'information quantique qui existent dans l'infiniment petit. C'est donc en toute liberté de pensée qu'il conclut, sûr de lui : « Le monde est fait de qubits. »

Ce point de vue, partagé par presque tous les membres de « l'école informationnelle », débouche de manière assez naturelle – et pour la première fois – sur la résolution de la très ancienne question déjà soulevée cinq siècles av. J.-C. par les philosophes grecs (notamment Zénon d'Élée avec son célèbre paradoxe de la tortue qui n'est jamais rattrapée par Achille) : la réalité est-elle discrète ou continue ? Pour les fondateurs de la théorie de l'information quantique, le réel, parce qu'il est constitué de qubits, est *à la fois* discret et continu. Cette nouvelle dualité a le mérite de résoudre l'une des impasses contre lesquelles pouvait buter jusqu'ici la physique numérique. Mais pour autant, cette description – valide à l'échelle des phénomènes quantiques – ne nous paraît pas encore avoir atteint le fond ultime de la réalité que nous tentons de comprendre. Car au-delà du stade quantique évoqué ici, il y a encore, selon nous, autre chose. Quelque chose qui existe à l'échelle 0 de l'espace-temps. Et que nous avons entrevu lors de notre plongée vers l'origine du temps.

L'échelle zéro

L'échelle zéro. La redoutable singularité initiale de Friedmann. Nous avons déjà évoqué certains aspects de ce point unique marquant, en temps imaginaire pur, l'origine de tout ce qui est. Vous avez sans doute été

Theory, Cosmology and Complexity, Cambridge University Press, 2003.

intrigués par ce que nous pensons être la propriété la plus stupéfiante de ce point zéro : il pourrait « encoder » – sous une forme mathématique – la totalité des informations qui concourent aujourd'hui à l'existence de notre Univers. Or, nous avons appris (au fil de ces pages) que cette quantité d'informations n'est pas infinie. Au début du XVIIe siècle, Sir Arthur Eddington avait calculé certains « grands nombres » caractérisant notre réalité. Selon l'évaluation proposée par un mathématicien de son entourage, le nombre de grains de sable de toutes les plages du monde devait avoisiner les 10^{15} grains en tout et pour tout. Et le nombre de particules élémentaires dans l'Univers ? Environ 10^{80} ! Mais si les constituants ultimes de la réalité ne sont pas les particules de matière, alors de quoi s'agit-il ? En fait, de ce que nous appelons les « unités d'information », autrement dit : des bits ! Sans doute vous souvenez-vous du chiffre – qui paraît relativement petit – correspondant au « total universel » : 10^{120} bits d'informations. Avant d'aller plus loin dans notre tentative de défricher le mystère de l'instant 0, prenons un instant pour réfléchir à ce nombre. Petit ? Oui et non. C'est tout de même le plus grand nombre qui ait un sens du point de vue physique. Entre autres, il est supérieur au nombre de particules composant l'Univers. En revanche, il paraît ridiculement petit – pour ne pas dire inexistant – face aux très grands nombres calculés par les mathématiciens. Des nombres qui, littéralement, donnent le vertige. Un exemple ? Le « googol » (qui a donné son nom à « Google », le premier moteur de recherche) inventé en 1938 et qui vaut 10^{100}. Comme vous le remarquez, le « googol » reste encore plus petit que le nombre de bits calculé par Loyd. Car l'ascension vers les hauteurs commence avec le « googolplex », défini comme dix puissance un googol, soit dix à la puissance 10 puissance 100 ! Un nombre tellement immense que s'il fallait l'écrire en entier (à la vitesse de trois chiffres par seconde sans jamais s'arrêter) il nous faudrait 100 milliards de milliards de milliards de milliards de milliards de milliards de milliards de milliards de milliards de milliards d'années (c'est-à-dire des milliards de milliards de milliards de fois plus de temps qu'il ne s'en est écoulé depuis le commencement du temps). D'ailleurs, si on voulait le stocker avec tous ses chiffres dans un ordinateur, celui-ci devrait avoir une mémoire telle qu'il serait aussi grand que l'Univers entier !

Les nombres univers

Faisons le point : si nous considérons que l'étoffe de la réalité est de nature « digitale » plus que matérielle, nous sommes maintenant conduits à nous tourner vers des entités numériques capables d'accueillir (en théorie) toute la complexité de l'Univers. On l'a vu, ces nombres inouïs existent et leurs étranges propriétés bouleversent toutes nos intuitions : ce sont ce que les mathématiciens, depuis quelques années, appellent des « nombres univers ». Vous vous en souvenez, il s'agit de nombres réels dans lesquels on peut trouver n'importe quelle succession de chiffres de longueur finie. Votre numéro de téléphone, bien sûr, mais aussi tout ce qui peut exister. Par exemple, si l'on code en binaire (pour le transformer en une suite de 0 et de 1) le journal que vous avez lu ce matin au petit-déjeuner, vous le retrouverez dans un nombre univers, sans une seule erreur ! De même, en fouillant bien (à condition de vous enfoncer assez loin dans le nombre univers, vous finirez par en extraire toutes les cantates de Bach, le code génétique de votre chien ou encore tous les ouvrages de la Bibliothèque nationale ! Prenons un exemple concret. Le nombre pi est peut-être un nombre univers (même si l'on n'en est pas tout à fait sûr, il en a pratiquement toutes les propriétés). Faisons une expérience : prenons, dans l'ordre, les dix chiffres dont nous nous servons tous les jours, c'est-à-dire tout simplement 0123456789. En 1998, deux mathématiciens japonais, Kanada et Takabashi, ont démontré que cette suite se trouve telle quelle, dans l'ordre, à la 17 387 594 880e décimale de pi ! Plus de 17 milliards de chiffres derrière la virgule. Mais il n'y a pas que cela, bien loin de là ! Vous pouvez aussi retrouver dans pi la première photo que l'on a prise de vous lorsque vous étiez bébé, le portrait de la Joconde, votre voiture, la planète Jupiter, la galaxie d'Andromède, en bref : l'Univers tout entier !

Pour mieux comprendre ce que sont ces fantastiques êtres numériques, nous allons choisir le nombre univers le plus simple à construire et le plus typique de tous : le nombre de Champernowne.

Qui était David Gawen Champernowne ? Un mathématicien et économiste anglais, professeur aux universités d'Oxford puis de cambridge. Or, en 1933, âgé d'à peine 21 ans, alors qu'il était étudiant à Cambridge, il a eu l'idée – surprenante de simplicité – de construire un nombre très particulier, qui est en fait une constante : la constante de Champernowne.

Le nombre univers de Champernowne

Ce nombre est étonnamment simple à construire : il est formé de zéro, puis d'une virgule et ensuite de la succession des nombres entiers, rien d'autre ! Ce qui nous donne en base dix 0,1234567891011, etc. Mais là commence l'extraordinaire : le nombre de Champernowne est un nombre univers ! Vous pourrez y retrouver votre date de naissance, mais aussi votre première dissertation de philosophie ou encore le livre que vous tenez en ce moment même entre les mains (sans parler de la Bible ou des œuvres complètes de Victor Hugo) ! En fait, un nombre univers contient absolument tout ce qui existe dans l'Univers. À présent, franchissons un pas de plus et écrivons notre constante de Champernowne en base 2 (c'est-à-dire en binaire). Dans ce cas, le début s'écrit 0,1101110010111 etc. Vous avez donc en principe de quoi écrire en langage binaire le grand nombre 10^{120} correspondant au nombre de bits d'informations de l'Univers entier. Mais ici se pose une question ultime : où allons-nous chercher ce grand nombre ? Le voyage que nous avons effectué dans ce livre nous donne un début de réponse : avant le Big Bang. En fait, sur le point zéro de l'espace-temps. Au moment où le temps était encore imaginaire pur.

Avant le Big Bang

Tout à l'heure, nous nous sommes trouvés confrontés à ces unités d'information quantique qu'on appelle des qubits. Il nous paraît en effet raisonnable de penser que dans l'infiniment petit, lorsque la mécanique quantique domine tous les phénomènes, les bits habituels d'informations, ceux que l'on trouve ici, à notre échelle de tous les jours, sont remplacés par des qubits. Autrement dit, au-delà du mur de Planck, avant le Big Bang, le pré-Univers (selon le point de vue de David Deutsch) est « fait » de qubits. Ce sont eux qui règlent les fluctuations entre le temps réel et le temps imaginaire. Toutefois – à la différence de la plupart des théoriciens qui s'arrêtent à ce stade – nous pensons que les qubits ne constituent pas les entités d'information ultime. Pourquoi ? Parce que selon nous, le niveau quantique, bien qu'essentiel pour comprendre notre Univers, n'en constitue pas la trame fondamentale. Il y a encore autre chose plus bas, « au-dessous ». Où donc ?

Les bits de l'instant zéro

Nous revenons maintenant au niveau de réalité que nous pensons être le plus fondamental : le point zéro de l'espace-temps. Si l'on devait prendre une image, il pourrait correspondre au sommet du cône de lumière cosmologique, très au-dessous de l'échelle de Planck. Il s'agit donc, au sens strict, d'un point mathématique. Le modèle standard du Big Bang en a d'ailleurs prédit l'existence : c'est la singularité initiale. Mais en tant que telle, celle-ci n'est accessible à aucun calcul physique. Reste donc les mathématiques. Il ne fait aucun doute que les propriétés de la singularité originelle ne peuvent être captées que par des instruments algébriques. Quelle en est la raison profonde ? Tout simplement ceci : à l'abri derrière des murs infinis de température, de courbure, de densité, etc., cette entité si mystérieuse, en tant que point mathématique, n'a aucun contenu physique. Plus que tout autre objet dans l'Univers, son essence profonde est donc abstraite. Mais ici encore, il est possible de préciser un peu les choses. En particulier, comme nous l'avons dit à plusieurs reprises, cet objet mathématique peut être comparé à une *information*. Plus exactement encore, à une sorte de « code », que les experts en théorie de l'information – ceux qui, comme Wolfram ou Lloyd, pensent que l'Univers est comparable à un gigantesque ordinateur – désignent sous le nom de « programme ». Une autre chose que notre voyage nous a appris : ce point correspond à ce qu'en physique mathématique on appelle un « instanton singulier de taille 0 ». C'est un objet d'une grande richesse, dont la principale propriété est de posséder un contenu topologique invariant, c'est-à-dire une information. L'étape suivante pour nous consiste donc à nous demander à quoi pourrait donc ressembler cette information initiale.

Un code initial ?

Dans la mesure où le point zéro n'est pas un objet physique, il ne relève pas, comme les phénomènes qui se situent entre l'échelle zéro et l'échelle de Planck, des lois et des contraintes quantiques. Autrement dit, la singularité – et c'est la première conséquence de son essence topologique – est un objet classique. Du point de vue de l'information, les choses sont donc simples : à l'échelle 0, le contenu en information se mesure en bits. Mais l'important, c'est que muni d'une « loi » adéquate, le zéro peut engendrer tous les nombres (et donc, à partir de là, toutes les choses) imaginables. Il est possible, à partir de zéro, d'assister à un véritable « Big Bang » numérique. Comment ? Nous l'avons évoqué dans le dernier chapitre de notre voyage : en utilisant la théorie des ensembles. C'est ce qu'a fait le grand John von Neumann. La première étape consiste à partir de l'ensemble vide (il ne contient rien et représente donc le zéro). Puis, deuxième étape, on place cet ensemble vide dans un autre ensemble vide. Et là s'accomplit le miracle : nous avons engendré un élément – et donc « créé » le chiffre 1 à partir de 0. On fait ainsi rapidement surgir tous les nombres possibles : les entiers bien sûr, mais aussi les relatifs, les algébriques, les transcendants, les imaginaires, etc. Il est même possible de fabriquer de la sorte des espaces multiples à 2, 3, 4, dimensions et bien d'autres choses encore. Avec la « machinerie axiomatique » dont disposent aujourd'hui les mathématiciens, il n'y a en théorie *aucune* limite à ce qu'il est possible d'engendrer ! Et nous voici ramenés à notre proposition essentielle : l'existence à l'origine d'une information initiale (portée par ce que l'on appelle un algorithme, c'est-à-dire une loi simple d'engendrement) et dont la structure est essentiellement numérique (la base adoptée étant, comme pour les calculs informatiques, la base binaire entrevue par Leibniz).

Information initiale et finale

L'une des propriétés les plus importantes à retenir à propos de la singularité initiale c'est qu'elle porte une seule forme d'information : l'information initiale. En effet, dans la mesure où le temps réel n'existe pas encore, il n'y a aucune complexité à l'instant zéro. L'information finale est donc nulle. De ce point de vue, la singularité initiale – le point zéro – peut être comprise comme l'objet le plus simple de notre Univers.

À présent, qu'en est-il de l'information initiale ? Son existence ainsi que sa quantité nous sont suggérées par l'entropie du pré-Univers à l'échelle 0. Or, cette fois toutes les analyses et toutes les propositions convergent : au point zéro, l'entropie – le désordre de l'Univers – doit être considérée comme nulle. Nous avons déjà évoqué cette situation très particulière qui revêt deux conséquences. La première (mise en évidence par les experts de l'entropie), c'est qu'un système caractérisé par une entropie nulle ne peut exister en temps réel. C'est l'une des raisons qui donnent beaucoup de force à l'idée d'un point zéro existant seulement en temps imaginaire pur. La deuxième conséquence est immédiate : l'information initiale portée par le point zéro est nécessairement infinie. Autrement dit, elle déroule une infinité de bits, infiniment plus que les 10^{120} bits nécessaires pour « construire » l'Univers Elle pourrait alors correspondre à l'existence de ce que les Lloyd, Wolfram, Bennett, Deutsch et d'autres appellent un « programme ». Et que nous proposons de désigner plutôt comme un « code » à l'origine. Avec une dernière question, ouverte sur la nature d'un tel code… À quoi pourrait-il ressembler ? Impossible, bien sûr, de le dire. Tout au plus sommes-nous en mesure de suggérer son existence. Et quelques-unes de ses caractéristiques éventuelles.

La première, c'est qu'il devrait s'agir d'une structure numérique (pour ne pas dire digitale). En effet, puisque nous parlons depuis le début, en conformité avec la communauté scientifique, de bits d'informations, il apparaît évident – comme l'énoncent David Deutsch ou Seth Lloyd – que le contenu en information relève d'une séquence numérique, dont la version la plus simple est une suite en base binaire. À partir de là, il est plausible d'imaginer à l'échelle zéro l'existence d'un invariant – en fait d'une constante. C'est bien le cas de la constante de Champernowne. À partir de là, on peut sans difficulté construire un algorithme permettant de générer le nombre univers de Champernowne en binaire. Nous touchons alors à la dernière étape : à partir de zéro et d'un algorithme simple, il est possible d'engendrer en base binaire un nombre univers, le plus simple étant le nombre de Champernowne. Lequel, comme nous l'avons vu, contient toutes les suites numériques – les suites digitales – possibles et imaginables.

En somme, comme le pensait Leibniz, un nombre plus vaste que l'Univers. Dans ce temps imaginaire, ce temps de la première aube, le nombre univers le plus simple pourrait bien contenir la complexité la plus haute que l'esprit humain puisse entrevoir.

Peut-être est-ce dans ce sens qu'il faut comprendre ces mots que John Wheeler répétait souvent vers la fin de sa vie : « À présent, je pense que tout, absolument tout dans l'Univers, se résout, finalement, à de l'information [1]. »

1. J. Wheeler, *Geons, Black Holes, and Quantum Foam : A Life in Physics*, New York, W.W. Norton & Co, 1998.

Épilogue

Comme nous l'avons écrit dans *Voyage vers l'instant zéro*, l'Univers ressemble à une énigme fantastique dont les fragments épars dérivent de plus en plus loin les uns des autres. Quel est son destin à très long terme ? Son évolution a-t-elle un sens ? Que deviendront les centaines de milliards de planètes, d'étoiles et de galaxies qui le composent ? Souvenons-nous des métamorphoses prodigieuses traversées au cours de notre voyage dans le passé. Nous sommes passés d'un Univers fait de matière et d'énergie à un objet primordial : l'instanton singulier de taille zéro, qui semble « coder » le scénario cosmique tout entier. Mais s'agit-il d'un scénario cohérent jusqu'à la fin ? Pour le savoir, il nous faut tenter d'explorer le futur lointain, celui que prédisent les astrophysiciens et les cosmologistes pour les milliards de siècles à venir. Souvenons-nous que l'Univers est en expansion. Cela veut dire que les quelque cent milliards de galaxies qu'il contient vont glisser, une à une, hors de leur champ de vision mutuel. Dans un futur à peine imaginable, des dizaines de milliards d'années dans l'avenir, la Voie lactée sera alors la seule galaxie que nos très lointains descendants – en imaginant qu'ils aient réussi à survivre et à coloniser d'autres mondes – pourront encore observer. Toutes les autres galaxies proches, y compris celles des Nuages de Magellan et la galaxie d'Andromède, auront glissé vers la Voie lactée pour y abandonner leurs myriades d'étoiles et former ainsi une seule et même galaxie.

À cette époque lointaine, notre Soleil aura cessé de briller depuis longtemps pour devenir une naine blanche qui ne donnera presque plus de lumière et encore moins de chaleur à ce qui restera alors de la Terre. Où seront les milliards d'hommes qui auront vécu sur Terre ? Où sera le Trocadéro ? le salon de thé Carette ? la tour Eiffel ? Comment imaginer notre ancien monde, plongé dans le froid et l'obscurité, dont la surface réduite en cendres sera à peine éclairée par les lueurs sinistres de notre Soleil mourant ? Sa très longue agonie pourrait durer 1 000 milliards d'années ou davantage. Dans ce décor lugubre, le même destin frappera inéluctablement la plupart des autres étoiles de la Voie lactée, alors que quelques-unes d'entre elles, les plus massives, finiront dans le feu éblouissant des supernovae, ultimes éclairs de lumière au plus profond des ténèbres.

Après des milliards de siècles, emportés par le flot aveugle du temps, soleils et planètes auront disparu. Les ultimes survivants de la formidable aventure du cosmos seront les cadavres d'étoiles et de planètes, ainsi que les trous noirs. Encore quelques milliards d'années et ils finiront par engloutir les restes de matière pour former des trous noirs galactiques géants dans une nuit sans limites.

Mais ce ne sera pas encore la fin. Lorsque toute la matière morte aura été engloutie par les trous noirs, l'Univers sera alors âgé d'un trillion de trillions de trillions de trillions de trillions de trillions d'années. À cette époque inimaginable, proche d'une sorte d'éternité, les trous noirs eux-mêmes, ultimes témoins du temps où l'Univers existait en rayonnement et en matière, devraient s'évaporer à leur tour. Alors il ne restera plus rien. Les dernières particules de matière se seront désintégrées au cœur d'un néant infiniment grand. Dans cet Univers désormais sans courbure, même la gravitation aura disparu.

Cette longue histoire a-t-elle un sens ? Puissants ou misérables, génies ou simples d'esprit, les milliards d'hommes qui se sont succédé sur la Terre auraient donc vécu pour rien ? Einstein, notre marchande de journaux, Mozart ou le coiffeur du coin de la rue n'auraient donc joué aucun rôle dans la longue histoire cosmique ? Si nous nous limitons à observer le destin de l'Univers et de tout ce qu'il contient du point de vue strictement matériel, force est de reconnaître que non. Car lorsque le dernier atome de matière se sera évaporé, il ne restera plus rien de cette réalité que nous croyons connaître : comment imaginer qu'il reste quelque chose d'Einstein, de notre voiture ou de notre chat dans un espace absolument vide ? un néant glacé et sans limites ?

Ici, il importe de nous souvenir, une fois de plus, que notre perception de la réalité est intimement liée à la conscience que nous avons de l'écoulement du temps. Plongés dans cet espace-temps mystérieux dont nous ressentons à chaque instant l'existence sans vraiment savoir de quoi il s'agit, nous avons confusément conscience que « le temps passe » et que nous voyageons, à sens unique, du passé vers l'avenir. Autour de nous, d'une seconde à l'autre, la réalité se transforme et nous n'avons aucun mal à concevoir que, depuis son apparition, l'Univers tout entier a subi, lui aussi, des transformations liées au même écoulement du temps. Soit. Mais cette évolution a-t-elle un sens ? Y a-t-il une finalité au destin du cosmos ? Tout au long de ce livre, nous avons vu que, depuis sa naissance il y a 13,7 milliards d'années, l'Univers est devenu de plus en plus complexe. Cette « aventure de la complexité », dont parlent volontiers nombre de physiciens ou d'astrophysiciens, a conduit la première « soupe de quarks » puis les premiers nuages primitifs d'hydrogène à s'organiser de manière telle qu'un jour, quelque part, la vie a fini par émerger de la matière pour prendre conscience d'elle-même et de l'Univers qui l'entoure.

Que s'est-il passé, depuis le Big Bang, depuis la première étincelle, les premières nébuleuses de gaz, les premières galaxies et les premiers soleils, pour que la conscience s'allume dans l'Univers ? Pour quelle raison l'Univers semble-t-il destiné à produire de la vie ? Bien au-delà du chaos des quarks et des gluons des premiers temps, 137 millions de siècles après le début, un ordre complexe s'étend sur le cosmos tout entier. Souvenons-nous qu'à l'aube des temps, à cet instant inouï du Big Bang dont certains physiciens doutent encore, l'Univers observable ne mesurait que 10^{-33} centimètre : il avait alors la longueur de Planck. Au même instant, il ne « pesait » que 20 microgrammes : à peine le poids d'un infime puceron ou d'un grain de poussière. Pourquoi ? Parce qu'à cet instant fantastique il n'était encore que de l'énergie : 10^{19} GeV, une énergie colossale, inimaginable, qui n'a atteint un tel sommet qu'une seule fois dans toute l'histoire du cosmos.

Or, après le Big Bang, en même temps que l'Univers amorçait son expansion, cette énergie allait commencer à se transformer, donnant naissance, au fil du temps, à des structures organisées, à un ordre global, repérable de l'atome à l'étoile. Et aujourd'hui, 13,7 milliards d'années après le début, il est possible d'observer, très simplement, qu'une partie de l'énergie primordiale a engendré une complexité incroyable, un état d'ordre bien plus élevé qu'à l'origine : l'énergie du début des temps a été progressivement convertie en information. Peu à peu, au fil des milliards d'années, le cosmos semble reconstituer une information qui n'atteindra sa forme définitive qu'au tout dernier instant : à l'instant même où il aura réalisé l'information finale.

Le physicien Wojciech H. Zurek, du laboratoire de Los Alamos, nous rappelle ici que la plupart d'entre nous semblent considérer l'information comme un état secondaire et non pas comme quelque chose de fondamental qui pourrait être aussi important que l'énergie et la matière. Zurek ajoute : « Alors que l'information est utilisée pour décrire l'Univers, elle n'est pas communément perçue comme faisant partie intégrante de l'Univers lui-même. »

C'est peut-être là notre erreur. Car nous avons beaucoup de mal à admettre que l'information puisse représenter, au plus profond du réel, un état fondamental de l'Univers. Au même titre qu'il existe une relation profonde entre le temps et l'évolution d'un système, il semble qu'il existe aussi un lien mystérieux entre l'énergie d'un système et l'information qui le caractérise.

S'il nous est tellement difficile d'établir cette relation, c'est parce que les échanges entre énergie et information pourraient avoir lieu dans un monde totalement inaccessible, un univers qui se situe bien au-delà de la réalité qui nous entoure et que nous ne verrons jamais. Alors même que nous vivons dans le temps réel, nous avons déjà beaucoup de mal à le décrire, à nous représenter sa réalité profonde. Si, de surcroît, on nous parle de « temps imaginaire », nous voilà pris de vertige face à une notion qui semble totalement vide de sens.

Et pourtant, comme l'écrit Luboš Motl, le temps imaginaire représenterait une des clés permettant d'entrevoir la nature profonde de la mystérieuse information à l'œuvre dans l'Univers tout entier. N'oublions pas, en effet, que nous vivons dans le temps réel. Un temps qui a commencé dans l'énergie du Big Bang, à l'instant de Planck, au moment même où l'Univers physique a entamé sa formidable aventure.

Mais avant ? c'est-à-dire, avant le Big Bang ? Est-il possible de supposer que le temps existait avant même que l'Univers physique commence son existence ? Étrangement, comme nous l'avons souvent répété dans ce livre, il semble que le temps soit intimement lié à l'énergie, à tel point qu'il est impossible de concevoir une évolution réelle hors de la durée. Silencieuses et toujours calmes, les bougies brûlent dans le temps réel. Seules celles qui ont été filmées et dont la lumière est gravée pour l'éternité dans les sillons de verre d'un DVD brûlent dans le temps imaginaire. Leur flamme – que l'on peut figer d'un simple geste – ne vit plus dans le temps réel de la lumière et de l'énergie : codée par des « 0 » et des « 1 », il s'agit d'une information qui vit dans le temps imaginaire. Et dès lors, dans les profondeurs obscures du réel, là où s'organise l'ordre des choses, ce qu'on appelle la flèche du temps indiquerait, peut-être, la direction du monde : le sens du temps deviendrait alors le sens des choses.

Souvenons-nous de ceci : avant le Big Bang, avant l'ère de Planck, le temps n'était plus réel mais imaginaire. Lorsque nous avons franchi, dans ce livre, la limite de Planck, au moment où nous avons jeté un coup d'œil de l'autre côté de ce fameux mur, jusqu'à apercevoir l'origine absolue de l'Univers, nous avons vu ce point sans dimension, cet « instant mathématique » que représente la singularité initiale. Contrairement à la singularité physique qui apparaît à des échelles bien plus grandes (l'échelle de Planck), cette singularité initiale d'échelle 0 ne « vit » pas dans le temps réel : elle est plongée dans le temps imaginaire pur. Et dans ce temps-là, ce temps étrange sans avant ni après, on ne peut plus comprendre la réalité selon son évolution mais, tout simplement, selon l'information qu'elle contient : une information globale, invariante, immuable. Souvenons-nous aussi que le DVD d'un film ne contient pas d'énergie mais seulement de l'information. Autrement dit, alors que l'énergie vit dans le temps réel, l'information, quant à elle, vit dans le temps imaginaire.

À l'origine de l'origine, avant même le commencement du monde, il y avait donc, peut-être, une information très énigmatique dont la nature profonde demeurera, sans doute à jamais, bien au-delà de notre entendement. Invariante, immuable, globale et d'une complexité à peine imaginable, cette information initiale était plongée dans les mystères du temps imaginaire, au cœur d'une éternité sans durée ou d'un instant qui atteignait les dimensions de l'éternité. Et puis, pour des raisons qui, elles aussi, demeurent voilées, à l'instant de Planck, cette information initiale hors de toute durée est entrée dans le temps réel pour se transformer en énergie qui, à son tour, et au long des milliards de siècles, se convertira de nouveau en information.

À la fin des temps, au terme d'une fantastique aventure qui aura donc duré des milliards de milliards de siècles, alors que, perdu dans la nuit éternelle, l'ultime atome de matière se sera évaporé dans le néant, l'Univers quittera le temps réel, celui de l'énergie et de l'évolution, pour retourner au temps imaginaire pur qui existait avant le Big Bang.

Que sera devenu ce trésor inimaginable d'informations accumulées, dans tout l'Univers, au cours des milliards de milliards d'années d'évolution ? Où ira ce savoir fantastique, illuminé par les innombrables civilisations et les prodigieuses intelligences qui, depuis la nuit des temps, seront apparues, partout dans l'Univers, jusqu'aux amas de galaxies les plus lointains ?

Loin d'avoir disparu, ce savoir-là sera alors passé dans le temps imaginaire, c'est-à-dire dans ce monde mystérieux qui est juste « de l'autre côté » du nôtre : celui de l'information.

Tel semble être le cycle mystérieux – et le destin – de l'Univers : une information primordiale dont l'origine restera à jamais voilée quitte le temps imaginaire pour se transformer en énergie avant de se reconvertir, peu à peu, au long des milliards de siècles, en information finale.

Ainsi va le monde : il lui suffit d'un seul instant pour convertir, au moment du Big Bang, toute l'information du temps imaginaire en énergie, il lui faut des milliards de milliards d'années pour reconvertir, au cours d'une très longue histoire, toute cette énergie en information.

Dès lors, l'Univers ne serait plus « une machine à faire des dieux », mais l'espace lumineux et splendide de tous les rêveurs cosmiques que nous sommes devenus à l'instant même où, pour la première fois, nous avons levé nos yeux vers le feu des étoiles.

TABLE

Avant-propos 9
Introduction. « Le graal de la physique » 25
1. Un rocher sur la ligne d'Univers 53
2. La plus haute tour du monde 64
3. Des figuiers romains au Trocadéro 94
4. Dans l'abîme du temps 108
5. La couleur tombée du ciel 115
6. Des araignées géantes sur la colline de Chaillot. 122
7. Paris au fond de l'Océan 131
8. Vers la toute première lumière 137
9. La première seconde de l'Univers 150
10. L'étincelle du Big Bang 159
11. Avant le Big Bang 169
12. L'instant zéro 182
13. Tout cela est-il possible ? 197
14. Le passé peut-il encore exister ? 214

15. La cinquième dimension 222
16. Une première trace dans le feu du Big Bang... 238
17. L'univers est-il rond ?....................................... 247
18. Le secret de l'énergie noire 257
19. L'étrange expérience d'Aspect 263
20. Au fond d'un trou noir 272
21. L'univers information 284

Épilogue 309

Mise en page par Meta-systems
Verneuil-en-Halatte (60550)

CET OUVRAGE
A ÉTÉ ACHEVÉ D'IMPRIMER
SUR ROTO-PAGE
PAR L'IMPRIMERIE FLOCH
À MAYENNE EN JUIN 2009

N° d'édition : L.01EHBN000168.N001. N° d'impression : 73997.
Dépôt légal : juin 2009.
(Imprimé en France)